［新装版］
アフリカで誕生した人類が日本人になるまで

溝口優司

JN073190

SB新書
523

推薦者まえがき

佐藤　優（作家・元外務省主任分析官）

人類学というと文化人類学（社会人類学）を思い浮かべる人が多い。これは人類の集団的変化や類似を文化に注目して解釈し、記述する学問だ。対して、人類を生物学的観点から研究する学問を形質人類学（自然人類学）という。ここでは生物としての人類の進化、変異、適応などを重視する。

私は外交官としてモスクワに勤務していたときソ連科学アカデミー民族学研究所（現在のロシア科学アカデミー民族学・人類学研究所）に所属し、ソ連の民族理論を勉強していた。ソ連時代、人類学というと形質人類学を指していた。英米の文化人類学に相当する学問を民族学と呼んでいた。しかし、ソ連崩壊後は、形質人類学の大きな枠組みの中で文化人類学を研究すべきとの考え方が強まった。

コロナ禍で日本を含む世界の歴史が大きく変化しようとしている。同時代に優れたモデルがないので、われわれは未来の可能性を過去から学ぼうとする。ドイツの社会哲学者ユルゲン・ハーバーマスが指摘した「未来としての過去」という現象だ。これが歴史ブームにつながっている。しかし、そこには落とし穴がある。人間は猿から進化した生物であるという視点が抜け落ちてしまうことだ。

歴史ブームの欠陥を埋めるのが本書『[新装版]アフリカで誕生した人類が日本人になるまで』だ。溝口優司氏は形質人類学の第一人者だ。溝口氏には専門的な事柄を、水準を落とさずにわかりやすく説明する才能がある。

類人猿とさほど能力が違っていないと思われた初期の猿人が類人猿と人類との間にある一線を越えられた理由、人類に粘膜でできた唇があることや女性の胸が膨らんでいる理由についても、合理的な説明がなされている。

専門家が書く概説書は、さまざまな学説を併記する相対主義的記述のものが多い。溝口氏は、そのような逃げを打つような記述をしない。学問的良心に基づいて、自らの見解をはっきりと述べる。具体的には次のような内容だ。

縄文人の祖先は、オーストラリア先住民（アボリジニ）などの祖先と同様、氷期（氷河時代のうち特に気候が寒冷となる時期）にスンダランド（東南アジアにあった陸地。氷期後、海面が上昇し現在のマレー半島やスマトラ・ジャワ・ボルネオ島などに分かれた）にいた人々であるとする。弥生人の祖先は、北方アジア系の遊牧民であるとの見方を示す。「日本人は、南方起源の縄文人の後に、北方起源の弥生人が入ってきて、置換に近い混血をした結果、現在のような姿形になったのです」という溝口氏の説には説得力がある。

コロナ禍によって、グローバリゼーションに歯止めがかかり、国家機能（とりわけ行政権）が強まっている。国家間の軋轢から、戦争が勃発しかねないような時代に、われわれ人類はアフリカを起源とする同胞であることを本書を通じて確認することが、世界平和にも貢献する。

はじめに　日本人は、どのようにして日本人になったのか？

溝口優司

なぜ、日本人の姿形は、ヨーロッパ人やアフリカ人と同じではないのか？

化石的な証拠から、ホモ・サピエンスがアフリカで誕生したことはほぼ確実ですから、私たちが誕生したときのままの姿であったならば、日本人もヨーロッパ人も、外見はアフリカ人であるはずなのに——。

私たちホモ・サピエンスは、いったいどのようにして、現在見られるような多様性を獲得したのか。地球上のあらゆる場所と言ってもいいような広範囲に拡散し、そこで暮らすようになったのか。日本人は、いったいどこから来たのか。どのようにして、日本人になったのか？　そのような謎を、現代の人類と化石人類の姿形の特徴から解き明かそうとしたのが、２０１１年に刊行した本書です。

「自分たちのルーツを知りたい」「私とは何者なのかを知りたい」という、人間の根源的な問いに、多少なりとも答えることができたからでしょうか、本書は発行以来累計7万部超と、大変好評をいただきました。さらに、近頃の人類史ブームの影響もあり、再版を望む声も多く聞かれるようになりました。

そこで、2011年からこれまでに明らかになった、人類学の新たな知見を付け加えて、このたび本書をリニューアル刊行する運びとなりました。新たな知見とは、富山市小竹貝塚から出土した縄文時代前期の人骨や、石垣市白保竿根田原洞穴遺跡から出土した旧石器時代の人骨に関する分析、北海道の縄文時代人骨の核DNA分析による考察などです。

アフリカで長い時間をかけて、猿人からホモ・サピエンスになった人類は、アフリカを出て世界各地に移住し、その土地土地の環境に適応していきました。では、アフリカを出た人類は、どのようにして日本列島にたどり着き、この姿形を獲得したのでしょうか？　今回もまた、700万年に及ぶ時空を遡り、日本人誕生の謎を探る壮大な旅へと、ご一緒に出かけることにいたしましょう。

目次

推薦者まえがき　3

はじめに　日本人は、どのようにして日本人になったのか？　6

第1章　**猿人からホモ・サピエンスまで、700万年の旅**

1　類人猿と人類の間にある一線とは？　16

猿人は、なぜ人類なのか　16

直立二足歩行が人類の運命を決めた　18

なぜ、直立二足歩行をしたとわかるのか　20

2　1000万～700万年前、最初の人類がアフリカで誕生した　24

中央アフリカのチャドで発見された最古の猿人　24

遺伝するのは〝手の器用さ〟か、〝器用な手〟か　28

3　美食の猿人は生き残り、粗食の猿人は絶滅した!?　31

320万年前の女性〝ルーシー〟　31

なぜ、粗食の猿人は絶滅したのか？　33
歯には重要な歯と、そうでもない歯がある　36

4
猿人と原人、双方の特徴を持つホモ・ハビリス　39
最初の〝ヒト属〟、ホモ・ハビリス　39
私たちは全員「ヒト科ヒト属ヒト種」　40
猿人・原人・旧人・新人、どこがどう違う？　42

5
原人はアフリカで誕生し、アフリカを出た　47
扁平な頭蓋と、まっすぐな大腿骨　47
〝出アフリカ〟は、いつだったのか　49

6
謎のホビット、ホモ・フロレシエンシス　52
ホモ・フロレシエンシスは、原人の末裔なのか？　52

7
ネアンデルタール人とホモ・サピエンスは、同時代を生きていた！　54
私たちとネアンデルタール人の、共通の祖先とは？　54
ネアンデルタール人とホモ・サピエンスの共通点　55
ホモ・サピエンスとネアンデルタール人はどこで出会ったのか　57

8
十数万年前、ホモ・サピエンスがアフリカで生まれた　61
最古のホモ・サピエンス、ホモ・サピエンス・イダルツ　61
女性の胸は、なぜ膨らんでいるのか？　64

第2章 アフリカから南太平洋まで、ホモ・サピエンスの旅

1 北京原人が現代中国人になった、わけではない 70

「多地域進化説」と「アフリカ単一起源説」 70

私たちはすべて、1人の女性〝ミトコンドリア・イヴ〟の子孫か? 73

2 ホモ・サピエンスはいつ、どのようにしてアフリカを出たのか? 81

〝嘆きの門〟からアラビア半島を抜けて 81

北アフリカからシナイ半島を抜けて 85

3 ホモ・サピエンスがヨーロッパにたどり着くまで 86

8万年前に一旦退却した!? 86

ヨーロッパ人は、なぜアフリカ人と違っているのか 90

ヒトは暑い地域では小さかったが、寒い地域では大きくなった 92

モテたい気持ちが、姿形を変えた 96

4 南下したホモ・サピエンスは、どのようにしてオーストラリアに渡ったのか? 102

有袋類はなぜ「スンダランド」にいないのか 102

ホモ・サピエンスはなぜ、危険を冒して海峡を渡ったのか 104

5 シベリアからアラスカへ、渡ったのは氷、それとも海？ 107
一重瞼は北アジア人と東アジア人だけ 107
ベーリング海峡の架け橋、ベリンジア 110

6 最後の未開拓地、南太平洋の島々 114
熱帯の島で、寒冷地適応をした 114
遺伝子の変異が示す3つの拡散ルート 116

第3章 縄文から現代まで、日本人の旅

1 日本列島にホモ・サピエンスはいつ頃やってきたのか 122
日本に原人や旧人はいたのか？ 122
日本における時代区分「縄文時代」 126
「弥生時代」から「古墳時代」へ 128

2 最初に日本に来たホモ・サピエンスが、縄文人になったのか？ 132
沖縄で見つかった「港川人」とは何者か 132
港川人の故郷はどこか？ 135

3 縄文人は、いつ、どこから日本列島にやってきたのか 137
縄文人とは、どのような人々だったのか 137
縄文人は、誰に似ているのか 143
縄文人は、どこからやってきたのか 147
アイヌと琉球人は縄文人の末裔か？ 152
4 背が高く、顔の長い弥生人 155
縄文人と弥生人の間には大きなギャップがある 155
弥生人の前歯は、なぜシャベル型なのか 158
歯の小さい縄文人、歯の大きい弥生人 165
5 弥生人は、いつ、どこからやってきたのか 167
弥生人の身長は、なぜ高いのか 167
頭蓋が示した故郷は、はるか北方だった 170
ヒトが日本列島にやってきたルートとは 173
6 日本人はこうしてできた！ 176
日本人の成り立ちについての3つの仮説 176
私たちはなぜ、弥生人の特徴を受け継いだのか 179
7 弥生から古墳時代へ、そして現代へ 181

頭は長くなり、短くなった 181
頭の形が変わる理由とは？ 185
人類は今なお、進化し続けているのか 188

おわりに 192
参考文献 195

第1章

猿人からホモ・サピエンスまで、700万年の旅

1 類人猿と人類の間にある一線とは？

猿人は、なぜ人類なのか

日本人への旅の第一歩は、人類の遠い祖先、猿人から始まります。

私たちの祖先は、1000万〜700万年前のいつの頃か、チンパンジーの祖先と分岐して猿人となり、人類としての進化の道を歩みだしました。

今でも私たち人類は、チンパンジーによく似ています。顔も、姿形も、行動もです。たとえば、私たちはさまざまな道具を使いますが、チンパンジーも道具を使います。チンパンジーが木の枝を使ってシロアリを釣ることはよく知られていますし、京都大学霊長類研究所のアイとその子どもたちのように、教育を受ければ、タッチパネルに触れて質問に答えることもできるようになります。私たちとチンパンジーの遺伝子は、九十数パーセントが同じだとされているのです。

しかしその一方で、私たち現在の人類、すなわちホモ・サピエンスは、チンパンジーとは明らかに異なっています。最大の違いとも言うべき脳の大きさは、チンパンジーが300～500ccであるのに対して、ホモ・サピエンスは1100～1600cc程度です。ところが、700万年前頃に誕生したとされる私たちの祖先、猿人の脳は300～500cc程度で、チンパンジーとほとんど変わらないのです。

もちろん、今のチンパンジーが、猿人が誕生した700万年前頃に生きていた彼らの祖先と、同じわけではありません。チンパンジーもまた進化してきたのですが、それでも彼らが人類になることはありませんでした。おそらく、今のチンパンジーが人類へと進化することもないでしょう。

いったいなぜ、私たちの祖先だけが、類人猿から猿人へと進化したのでしょうか？類人猿と能力がさほど違っていたとも思えない初期の猿人が、なぜ類人猿と人類との間にある一線を越えることができたのでしょうか。その鍵は、直立二足歩行にあると考えられています。

つまり、猿人がその脳の小ささにもかかわらず人類であるとみなされるのは、彼らが直立二足歩行をしていたからであり、直立二足歩行を始めたことが、私たちホモ・

サピエンスの最大の特徴である大きな脳をもたらしたと考えられるのです。

直立二足歩行が人類の運命を決めた

ではなぜ、私たちの祖先は、直立二足歩行を始めたのでしょうか?

そもそも私たちの祖先は、人類になる前は、チンパンジーなどの類人猿と同様に、樹上生活を営んでいたと考えられます。ところが何らかの理由によって、木々がまばらにしか生えていない場所で暮らさざるを得なくなったために、地上生活に適応して、直立二足歩行をするようになったのでしょう。

何らかの理由とは、地球環境の変化によって森林が縮小したことや、それに伴って食物が減少したこと、あるいはほかの生物との競合が激しくなったことなどを指します。森で生きていくことができなくなったために、私たちの祖先は、地上に降りたと考えられるわけです。

しかし、理由が何であるにせよ、地上生活に適応して直立二足歩行をするようになったことが、その後の人類の運命を決定づけました。なぜならば、直立したことによって人類は手の自由を獲得し、その結果として発達した大きな脳を獲得し、言語も獲得したからです。

チンパンジーもある程度の道具を使うことは先に述べた通りですが、歩くときは基本的に手指の背面を地面につくナックル・ウォーキングです。それに対して猿人は、私たちホモ・サピエンスと完全に同じ姿勢ではないものの、ナックル・ウォーキングではなく、日常的に直立二足歩行をしていたと考えられるのです。

手で体を支える必要がなくなった人類は、さまざまな用途に手を使うようになり、それによって脳が刺激され、発達していきます。そして、脳が発達したことで複雑な道具を使えるようになり、ますます手が器用になり、さらに脳が発達し、より複雑な道具を作れるようになり、また手が器用になって脳が発達する、という循環を繰り返したのです。その結果、人類の脳は類人猿の脳の大きさを遥かに超え、最終的には今の大きさ、１４００cc前後にまで拡大しました。

なぜ、直立二足歩行をしたとわかるのか

ところで、700万年も前の猿人が、直立二足歩行をしていたと、いったいなぜわかるのでしょうか？　誰か見た人でもいるのでしょうか。見られるものなら見てみたいとは思いますが、そんなことは不可能です。皆さんは、なぜそんなことがわかるのか、おわかりでしょうか？

そう、骨です。直立二足歩行をしていたかどうかは、骨の形でわかるのです。たとえば人類の骨盤は、二本の脚だけで上体の重さを支えられるように、類人猿よりも幅が広くなっています。さらに、左右両側から内臓を包み込むように、内側に湾曲しています。大腿骨も、骨盤にはまる骨頭の部分の角度や大きさが、類人猿とは異なっています。足の指は、歩行に特化したことで短くなり、親指の向きがほかの4本の指と同じになっています。このような違いが、体の随所にあるのです。

さらに頭の骨、すなわち頭蓋骨もまた、大きな手がかりを与えてくれます。たとえば脳から脊髄《せきずい》へと続く神経の出口、頭蓋に開いた大後頭孔の位置は、類人猿では頭蓋の斜め後方にあるのに対して、ホモ・サピエンスはほぼ真下にあります。直立したこ

とで、頭と首の位置関係が変わったのです。もちろん、脳が大きくなるに従って、脳の入れ物である脳頭蓋も徐々に大きくなりました。そのため脳頭蓋の大きさや形を調べることで、その化石がどの段階の人類のものかを、推測することができるのです。

ここで少しだけ、用語の説明をしておきましょう。まず、一般的には頭の骨全体を意味することが多い「頭蓋骨」は、解剖学では、前頭骨・後頭骨・鼻骨・下顎骨など、頭と顔を構成する個々の骨の総称として使います。これらをひとまとめにした頭部全体を指すときは「頭蓋」という術語を用います。そして、俗にいう頭、頭蓋上部の脳の入る部分は、「脳頭蓋」と呼びます。

また、本書では単に「脳の大きさ○cc」などと記していますが、脳そのものは化石として残らないため、これらの大きさは脳頭蓋の容積を調べて出したものです。読みは「頭蓋＝とうがい」が正式で、頭蓋を「ずがい」と読むのは慣用読みです。ちなみに、人類学では「頭蓋」のことを「頭骨《とうこつ》」ということもあります。

話が逸れましたが、直立二足歩行によってもたらされた手の自由は、顔も変えました。手が自由に使えなかったときは、口に獲物をくわえて運んだり、口で何かを押さえたりと、口を手や道具の代わりに使っていました。それが、手が自由になり道具を使えるようになると、口を手や道具の代わりに使わなくてよくなります。さらに石器や火を使えるようになると、固いものを石器でつぶしたり、火を通して柔らかくしたりしてから食べるようになります。それによって、顎や歯がしだいに小さく華奢《きゃしゃ》になっていったのです。

さらに、道具の中でも武器を作れるようになると、大きく鋭かった犬歯が小さくなりました。口を大きく開けて犬歯を見せることで威嚇したり、犬歯を使って攻撃したりするよりも、武器で威嚇したり攻撃したりする方が、断然効果的だったからでしょう。類人猿も含めて霊長類ではかなり目立つ犬歯が、人類だけ小さく目立たないのはそのためです。

そして、言語もまた、直立二足歩行によってもたらされたのではないか、とされています。類人猿も音声によるコミュニケーションはしますが、発声器官の構造が異なるため、言葉を話す際に必要な複雑で微妙な声を発することができません。それが人類では、骨盤の変化などと同様に、体の直立に伴って咽頭の構造が変わり、複雑な音

図1　チンパンジーとヒトの頭蓋

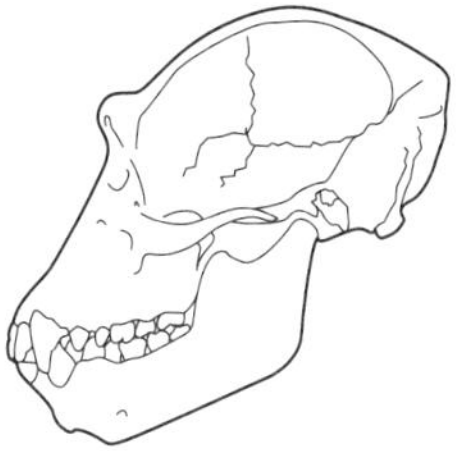

チンパンジーの頭蓋

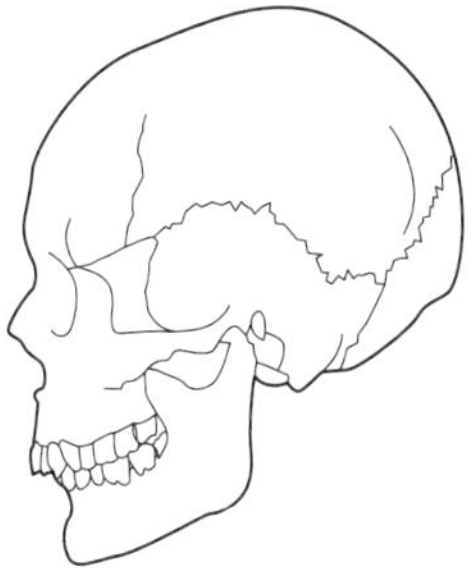

ヒト(江戸時代人)の頭蓋

声を操れるようになったのではないかと考えられているのです。

直立二足歩行によって人類の頭と顔がどう変わったかは、図1のイラストを見るとよくわかります。左がチンパンジー、右が日本人男性の頭蓋です。進化には種そのものが変わるような〝大進化〟と、同じ種の中での進化である〝小進化〟とがありますが、猿人から原人、旧人、新人へという大進化においては、人類の頭は大きく丸く、顎と歯は小さく華奢にというのが、基本的な進化の方向です。

2　１０００万～７００万年前、最初の人類がアフリカで誕生した

中央アフリカのチャドで発見された最古の猿人

私たち日本人の遠い祖先であり、最初の人類でもある猿人は、１０００万～７００万年前のいつか、アフリカで誕生したとされています。と、この記述を読んで、あなたは不思議に思わないでしょうか？　人類はなぜ、アジアやヨーロッパやオセアニアではなく、アフリカで誕生したと考えられているのか、と。アジアにもオランウータンやテナガザルといった類人猿がいることを思えば、少なくともアジアでは、人類が誕生しても不思議ではなかったように思えます。

ところが、事実として、２００万年前よりも古い人類の化石は、アフリカでしか発見されていないのです。しかもアフリカの中では、さまざまな地域で年代的にもさまざまな、種の異なるいくつもの猿人の化石が見つかっているのです。さらに遺伝子の研究からも、ゴリラ、チンパンジー、オランウータン、テナガザルと4種類いる類人

図2　サルからヒトへ

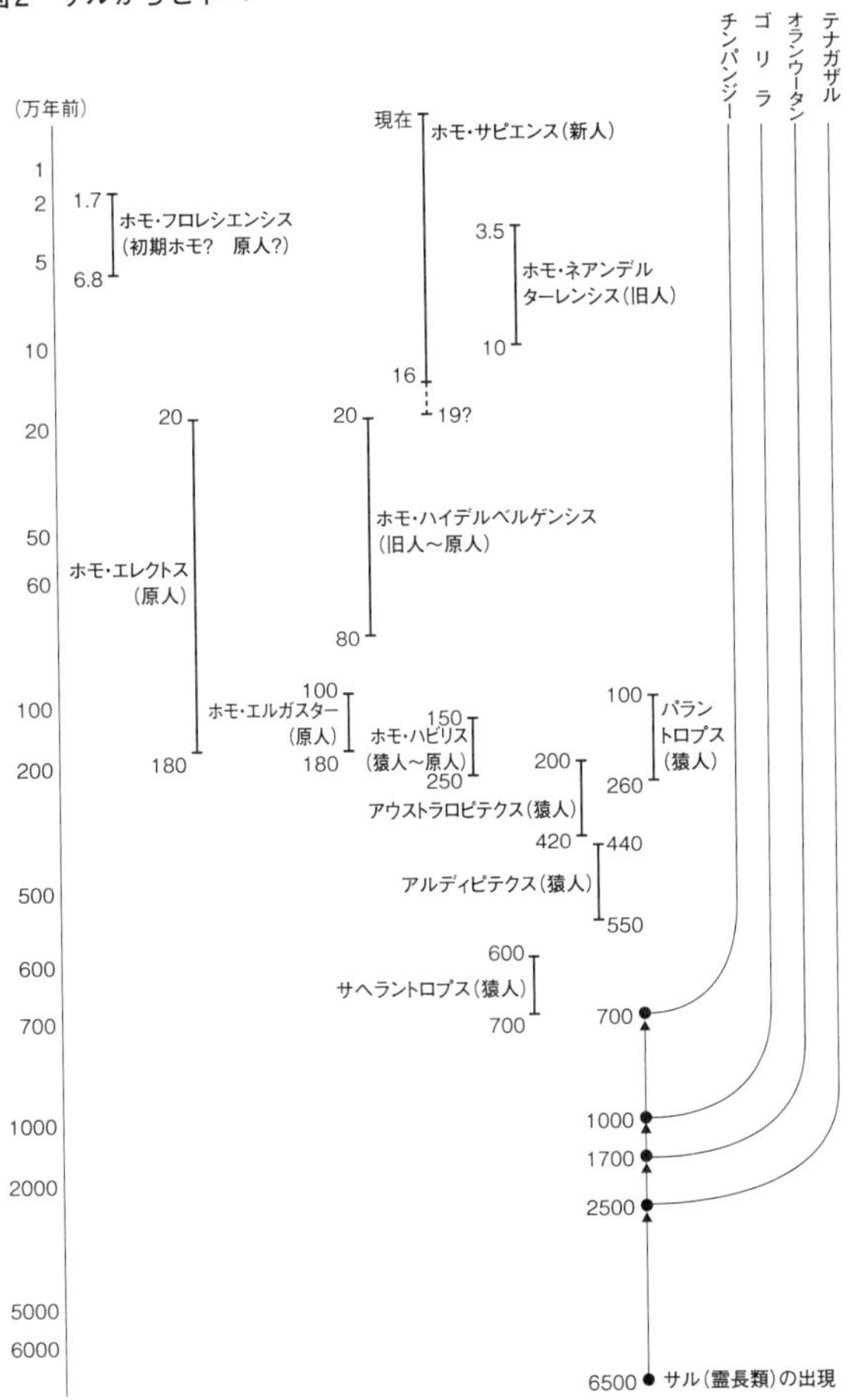

チンパンジー
ゴリラ
オランウータン
テナガザル
（万年前）
1
2
5
10
20
50
60
100
200
500
600
700
1000
2000
5000
6000
現在
ホモ・サピエンス（新人）
16
19?
1.7
ホモ・フロレシエンシス
（初期ホモ？　原人？）
6.8
3.5
ホモ・ネアンデルターレンシス（旧人）
10
20
ホモ・エレクトス
（原人）
180
20
ホモ・ハイデルベルゲンシス
（旧人〜原人）
80
100
ホモ・エルガスター
（原人）
180
150
ホモ・ハビリス
（猿人〜原人）
250
100
パラントロプス
（猿人）
260
200
アウストラロピテクス（猿人）
420
440
アルディピテクス（猿人）
550
600
サヘラントロプス（猿人）
700
700
1000
1700
2500
6500
サル（霊長類）の出現

猿の中で、私たちホモ・サピエンスに最も近いのは、アフリカに棲むチンパンジーだということがわかっています。つまり、これまでに発見されたいくつもの事実が、人類誕生の地はアフリカであると指し示しているのです。

では、私たち日本人は、チンパンジーの祖先と分岐した後、どのような道をたどって現在に至ったのでしょうか？　その道筋の概略を示したのが図2「サルからヒトへ」です。この図には、最古の猿人からホモ・サピエンス、すなわち私たち日本人を含む現在の人類に至るまでの、主な人類を記してあります。このような流れで人類は進化してきたと考えられるのですが、ここに記したもの以外にもさまざまな種が発見されていますし、個々の種がどうつながっているのかや、つながりがあるのかないのかなど、はっきりしたことはわかっていません。

現在、最も古いとされる人類、すなわち私たち現代日本人の最古の祖先は、2001年に中央アフリカのチャドで発見された猿人・サヘラントロプスです。700万〜600万年前に棲息していただろうという、その年代の古さも大きな驚きだったのですが、発見された場所も大きな驚きでした。中央アフリカは、古人類化石の発掘場所としては、それまで有力視されていなかったからです。

ご存知の方も多いと思いますが、古人類の化石や遺跡が多く見つかるのは東アフリカの大地溝帯付近、エチオピア、ケニア、タンザニアなどと、南アフリカで、人類は大地溝帯のあたりで誕生したのではないかと考えられていたのです。実際に、ケニアでは約600万年前と推定される猿人・オロリンが見つかっていますし、エチオピアでは550万～440万年前と推定される猿人・アルディピテクスが見つかっています。サヘラントロプスが見つかるまでは、これらが最古の人類とされていたのです。

サヘラントロプスは、頭蓋が小さく、脳は320～380cc程度ですが、大後頭孔は後方ではなく頭蓋底の中央寄りにあるという特徴があります。つまり、脳は発達していないものの、直立二足歩行をしていただろうと考えられるのです。

人類学の黎明期には、脳が発達したことで人類は直立二足歩行を始めた、と考えられていました。そのため、19世紀末頃にサヘラントロプスが発見されていたとしたら、脳のサイズからして人類とは見なされなかったでしょう。しかしその後、脳が小さいのに直立二足歩行をしていたと考えられる化石が次々と出土し、人類は直立二足歩行したことで脳が発達したと、わかったのです。

遺伝するのは〝手の器用さ〟か、〝器用な手〟か

ところで、これまでに述べてきた人類のさまざまな「形質」、たとえば骨盤が幅広いとか、脳が大きいとか、手が器用だとか、犬歯が小さいといったことは、どのようにして〝人類の特徴〟になったのでしょうか？

「形質」とは、遺伝子に基づいた形態的・生理的な特徴のことで、後天的に獲得した特徴とは異なります。たとえば、もともと不器用だった人が、一所懸命訓練して細かい作業ができるようになったとしても、あとから得たその器用さは子に遺伝しません。同様に、大きな犬歯を削って小さくしても、生まれる子の犬歯は小さくなりません。これらは後天的に獲得した特徴であり、遺伝子に基づいた特徴ではないためです。では、なぜ、人類は手が器用になったり、犬歯が小さくなったりしたのでしょうか。突然変異でしょうか？

最初の1人は、突然変異であったかもしれません。しかし、突然変異が大勢の人に

同じように起こる確率は、非常に低いはずです。ここから先は想像ですが、もともと器用に動く手を持って生まれた人は、道具を作るのが上手で、よい武器を作ることができたうえに、その扱いもうまく、獲物をたくさんしとめられたのではないでしょうか。そのため食料をたくさん確保することができ、獲物が少なくてほかの人が死んでしまうようなときでも生き延びられて、大勢子孫を残すことができたのかもしれません。

では、小さな犬歯はどうでしょうか？　威嚇したり狩りをしたりする際に、犬歯よりも武器の方が有利になったとき、犬歯の役割は終わります。しかし、それだけならば犬歯が大きいままでもよいわけで、わざわざ小さくなったのには理由があるはずです。

生物には、「必要最小限の材料を使って、最大限の効果が得られるように形作られる」という、適応戦略が働くと言われています。提唱者の名前をとってルーの法則と呼ばれている経験則ですが、この法則が働いたとすれば、大量の材料を使って大きな犬歯を作っても効果がないので、その材料をほかに回したことになります。大きな犬歯を作る代わりに、たとえば大臼歯のエナメル質を厚くすることに材料、すなわち体内のミネラルなどが回されたとしたら、どうでしょうか。エナメル質が厚く、すり減りにくい歯を持つ人は、固い食物を上手に咀嚼でき、栄養を十分に吸収することができたでしょう。そのため、無駄に大きな犬歯を持つ人よりも長生きして、子孫を大勢残せたのかもしれません。

このようなことが何世代にもわたって続いた結果、一定の特徴を持つ人が増え、それが人類のスタンダードになったと考えられるわけで、いわばこの過程が進化なのです。ただ、進化には一旦得た機能を失う場合もあり、これを一般的には退化と呼びます。人類の尻尾や体毛、あるいはキーウィ（ニュージーランドに生息する鳥）の飛ぶ能力は退化しましたし、深海に棲む魚の中には目が退化したものもいます。しかし、これは昔に戻ったわけではなく、本当はなくなる方向へと進化したわけですから〝縮小的進化〟と呼んだ方がよいかもしれません。

また、進化・退化という言葉には、進化が優れていて退化が劣っているというニュアンスがありますが、生物学でこれらの言葉を使う場合には、そのような意味はいっさいありません。生物学における進化とは、環境からの影響などによって、遺伝子が〝変化〟することと、ほぼ同じ意味なのです。

3 美食の猿人は生き残り、粗食の猿人は絶滅した!?

320万年前の女性〝ルーシー〟

サヘラントロプスやアルディピテクスの子孫が、その後どの系統につながったのかは、よくわかっていません。人類学では失われた環、ミッシング・リンクが至る所にあるのです。とりあえず年代を追っていくと、その次にくるのが、420万~200万年前のアウストラロピテクスと、260万~100万年前のパラントロプスです。

アウストラロピテクスには、アファレンシス、アフリカヌスなどいくつかの種があり、頭蓋や骨盤、足の形などから、どれも直立二足歩行をしていたのは確実とされています。

ちなみに、生物の分類には大きい方から「界>門>綱>目>科>属>種」という段階があります。これに沿って言うと、アウストラロピテクスは属の名称である「属名」、アファレンシスやアフリカヌスは種の名称である「種小名」で、この2つを組み合わせた「アウストラロピテクス・アファレンシス」や「アウストラロピテクス・アフリカヌス」を「種名」と呼びます。この「種名」がいわゆる「学名」で、その生き物を表す世界共通の名称です。学名はすべてラテン語で、アウストラロピテクス、アファレンシス、アフリカヌスなども、ラテン語の読みをカタカナ表記したものです。また、種の名称を「種小名」と呼ぶのは、「種名」と区別するためです。

話がまた逸れましたが、皆さんの中には、〝ルーシー〟と呼ばれる有名な化石をご存知の方も多いのではないでしょうか？　実は、ルーシーは、エチオピアで見つかったアウストラロピテクス・アファレンシスの女性なのです。

女性だとわかるのは骨盤の形からで、１９７４年に発掘されたとき、発掘現場のキャンプで盛んにビートルズの「ルーシー・イン・ザ・スカイ・ウィズ・ダイヤモンズ」がかけられていたために、こう名付けられました。何万年も前の化石人骨は、断片しか見つからないことが多いのですが、ルーシーは３２０万年も前の化石であるにもかかわらず、なんと全身の40パーセントが揃っているという、希有な例だったのです。

そのため、多くのことがわかりました。たとえば、骨格全体からは、身長が1メートル余り、体重が30キロ程度と小柄であることがわかりました。手や肩関節の骨からは、類人猿に特有のナックル・ウォーキングはしていなかったものの、握力が強く、腕を頭上に伸ばしていることが多かったであろうことがわかりました。そして、大腿骨からは脚が短かったことが、骨盤や膝関節の骨からは、直立二足歩行をしていただろうことがわかったのです。

つまりルーシーは、地上生活に適応した体形を獲得しつつあるものの、まだ樹上生活の特徴を残しているのです。地上で直立二足歩行をしながら、時には樹上で果実を採ったり、肉食獣に襲われたときは樹上に逃げたりしていたのではないでしょうか。

なぜ、粗食の猿人は絶滅したのか？

ルーシーの顎や歯は、かなり頑丈な作りで、類人猿の祖先とあまり変わりません。大進化の中で、人類の顎と歯は小さく華奢になる方向に進んだと述べましたが、実は人類が猿人であった段階では、顎と臼歯は大きく頑丈になる方向に進化しているのです。乾燥化などの環境の変化を受けて、柔らかく栄養価の高い果実ではなく、硬くて栄養価の低い野生のイネ科植物や根茎などを、大量に食べざるを得なくなったからのようです。

とはいえ、アウストラロピテクスの顎や臼歯は、極端に大きいというところまでは、進化しませんでした。ところが、後期のアウストラロピテクスと重なる時期を生きていたパラントロプスは、顎と臼歯が巨大化したのです。

パラントロプスの顎と臼歯は、アウストラロピテクスよりもはるかに大きく、頭蓋の頭頂部には、矢状隆起と呼ばれる鶏のトサカのような出っ張りまであります。これは、顎の骨に比例して大きくなった顎の筋肉を、しっかりと頭蓋に付着させるために、付着部の表面積が大きくなるように発達してできた構造だとされています。

食物に対するこの適応は、この時点では成功し、パラントロプスは160万年もの間、棲息し続けます。ただし、パラントロプスの生活は、その頑丈な顎を使って一日中何かを食べている、というものだったはずです。栄養価の低い食物から必要なエネルギーを得るには、ほとんどの時間を食べることに費やさざるを得ないからです。

一方、パラントロプスがそのような生活を送っている間に、生態系で同じ地位を占めるほかの生物、同時代を生きていたアウストラロピテクスや、あるいはそれに似た別の人類は、肉を食べることを覚えたようです。アウストラロピテクスの化石を研究すると、顎の形態や、歯の表面のすり減り具合の顕微鏡的な分析などから、彼らが肉食をするところまで進化していたと考えられるのです。

そして、そのことが両者の運命を分けました。肉という栄養価の高い食物を食べるようになった者には、一日中何かを食べ続ける必要がなくなり、時間的な余裕ができたのです。時間的な余裕ができたことで、食べること以外に脳を使うようになり、脳が発達し、彼らは次なる進化の階段を上り始めました。しかし、パラントロプスは、食べることだけに時間を費やしていたために脳が発達せず、おそらくは新たな環境の変化に遭遇したとき、生き延びることができなかったのでしょう。いわば、栄養価の低い〝粗食〟に完璧なまでに適応してしまったがゆえに、パラントロプスは生存競争に敗れてしまったのです。

歯には重要な歯と、そうでもない歯がある

ここで少し、人類の歯について述べておきましょう。歯は、一般的にはあまり知られていませんが、実に多くのことを私たちに物語ってくれます。そのうえ、化石として残りやすいため、人類学では昔から研究の一つのジャンルになっています。

まず、先に登場した犬歯ですが、犬歯は人類の大進化の過程で、小さくなる方向に進化してきたというのは、述べた通りです。ところが、人類がホモ・サピエンス、すなわち今の私たちと同じ種になってからの小進化の過程では、大きさがほとんど変わっていないのです。

実は、私たちの歯には容易に大きさの変わる歯と変わらない歯があり、容易に大きさが変わらない歯は、重要な役割を果たしている、あるいは果たしてきたために、大きさが安定していると考えられるのです。犬歯に関して言えば、その役割は武器に取って代わられたものの、長い間非常に重要な役割を果たしてきたために、遺伝的に安定していて容易に変化しないと考えられます。ヒトの犬歯が類人猿などに比べて小さ

いのは、数百万年という長い時間をかけて、ほんの少しずつ変化してきた結果なのです。

では、ほかの歯はどうでしょうか。ヒトの永久歯は、中心から奥に向かって、右半分も左半分も、上顎も下顎も、「中切歯・側切歯・犬歯・第1小臼歯・第2小臼歯・第1大臼歯・第2大臼歯・第3大臼歯」の順に並んでいます。どの歯が重要で、どの歯がそうでもないか、おわかりでしょうか？　第3大臼歯、すなわち親知らずは、生えない人もいるぐらいですから、あまり重要でないとわかります。あとは、どうでしょうか。

現代人の歯で統計を取ると、犬歯のほかには中切歯、第1小臼歯、第1大臼歯で大きさの変動、つまり個体差が少なく、これらが重要であることがわかります。さらに、現代人を基準にして、猿人・原人・旧人という大進化の過程で、歯の大きさがどの程度縮小したかを比較した場合にも、同様の結果が出ています。どうやら、個体発生（受精卵が成体になる過程）においても進化においても、切歯なら切歯、小臼歯なら小臼歯という同じ種類の歯の中で第1、すなわち顎の中心に近い歯ほど重要であるような

図3　カラベリ結節

イラストは右上顎大臼歯で、左側が通常の形態、右側がカラベリ結節のできたもの

のです。

なぜそうなのかは、まだはっきりわかりませんが、第1大臼歯に関しては、嚙み合わせたときに、顎の構造上最も顎の力がかかる歯だからだろうと考えられています。全体的に歯が小さいヨーロッパ人は、おそらく顎の力を受け止めるために、第1大臼歯にカラベリという補強構造を発達させているほどなのです（図3）。

このほかにも、果実が主食のチンパンジーの大臼歯はエナメル質が薄いとか、口で皮をなめしていた人々の前歯は特別な形をしているなど、歯にはさまざまな情報が含まれています。これらの歯の不思議については、折りに触れて述べていくことにします。

4 猿人と原人、双方の特徴を持つホモ・ハビリス

最初の〝ヒト属〟、ホモ・ハビリス

顎と歯が頑丈なために〝頑丈型猿人〟とも呼ばれるパラントロプスは、生存競争に敗れて絶滅してしまいました。しかし、顎と歯が比較的華奢なために〝華奢型猿人〟とも呼ばれるアウストラロピテクスは、最初の〝ヒト属〟、つまり頭に〝ホモ〟の付く種類へと、つながったと考えられています。日本人へとつながる長い道のりを、また一歩進んだわけですが、それが250万～150万年前にかけて棲息していたホモ・ハビリスです。

〝ホモ・ハビリス〟とは〝手先が器用なヒト〟という意味で、明らかに道具を作っていたと考えられることから、こう名付けられました。しかし、ホモ・ハビリスには脳が600～800ccもある大型のものと、500～650cc程度の小型のものがいるなどばらつきが大きく、形態的にも猿人と原人双方の特徴があるため、猿人なのか原

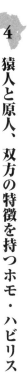

人なのか長い間議論が繰り返されてきました。また、大きい方が男性で小さい方が女性ではないかとか、複数の種ではないかとも言われてきましたが、最近では一つの種として認められているようです。

ホモ・ハビリスが生きた時代は、猿人のアウストラロピテクスやパラントロプス、さらには原人のホモ・エルガスターやホモ・エレクトスなどとも重なっています（25ページ図2参照）。1種類の人類しかいない今を生きる私たちから見ると、複数の、しかも進化段階の異なる人類が、同時に棲息していた時期があったこと自体が、不思議な気がします。

私たちは全員「ヒト科ヒト属ヒト種」

最初のヒト属、ホモ・ハビリスが登場したところで、名称について整理しておきましょう。先に、生物の分類は大きい方から「界＞門＞綱＞目＞科＞属＞種」だと述べましたが、これまでに登場した猿人も含めて、人類はすべて「動物界＞脊索動物門＞哺乳綱＞サル目＞ヒト科」に属しています。サヘラントロプス、アルディピテクス、アウストラロピテクス、パラントロプスという名は、すべて「属名」であり、科からつなげて言えば「ヒト科サヘラントロプス属」などとなるわけです。ホモ・ハビリスの場合は「ホモ」が属名で、「ヒト」属はその和訳です。

アウストラロピテクス・アファレンシスの「アファレンシス」や、ホモ・ハビリスの「ハビリス」、ホモ・サピエンスの「サピエンス」は、先にも述べた通り種小名で、ラテン語のカタカナ表記です。私たち現在の人類は、日本語で言えば「ヒト科ヒト属ヒト種」であり、ホモ・サピエンスとは、すなわちヒト属ヒト種です。そして、ヒト属ヒト種に対応する学術上の和名が「ヒト」です。ある生物に対する俗名のうち、代表的なものをラテン語の学名に対応させてカタカナ表記し、学術上の和名としているのです。したがって、カタカナで「ヒト」と表記した場合には、生物としてのホモ・サピエンスを指し、もっと広い概念を表しうる「人」とは、ちょっと意味が異なります。

ここで気をつけなければならないのは、俗にいう「人種」は「種」ではないことです。私たちは「日本人は黄色人種だ」とか、「人種が違う」などと言いますが、現在地球上に生きている人類は、すべて同じホモ・サピエンスという種なのです。では、同じ種であるとは、どういうことでしょうか？　私たちのように有性生殖する動物の場合は、基本的には交配第1世代に子が生まれるかどうかです。

たとえば、馬とロバの間には、ラバという子が生まれます。これが交配第1世代です。ところが、ラバとラバの間には、子は生まれません。つまり、ラバは種ではなく、馬とロバは異なる種なのです。それに対して、日本人も含む私たち現在の人類は、どんなに外見の異なる人同士でも子ができ、孫も生まれます。生物学的に言えば、完全交配が可能な同じ種なのです。生物の分類に照らし合わせれば、人種は種の下の分類段階に対応する、「亜種」程度のものだと考えておけばよいと思います。

猿人・原人・旧人・新人、どこがどう違う？

ついでに、猿人、原人、旧人、新人という名称についても、説明しておきましょう。

もともとこれらの名称は、日本における人類学の初期に、「エイプ・マン＝猿人」というように、英語の用語を和訳して使われたものでした。概念として非常にわかりやすかったこともあり、日本では広く使われるようになったのですが、その後、外国ではこれらの名称があまり使われなくなってしまいました。中でも特に「旧人」という言葉は、今ではまったく使われていません。

というのも、新人の一部が旧人よりも古い時代に棲息していたことが判明し、事実が名称と合わなくなってしまったのです。新人であるホモ・サピエンスの方が、旧人であるホモ・ネアンデルターレンシス（ネアンデルタール人）よりも古くから棲息していたことは、図2（25ページ）を見ていただくとわかります。しかし日本では、漢字の方がカタカナよりも内容をイメージしやすいこともあって、猿人、原人、旧人、新人という名称が今でも残っているのです。

外国ではほとんど使われなくなったとはいえ、日本ではまだ使われていますし、新人以外は複数の種から成っているものの、それぞれのくくりには共通点もありますので、簡単に特徴を述べておきましょう。

まず猿人は、直立二足歩行をし、器用な手をしていたものの、脳の大きさは300～500cc程度と小さいままでした。体も小さく、アウストラロピテクス・アファレ

図4　猿人、原人、旧人、新人の頭蓋

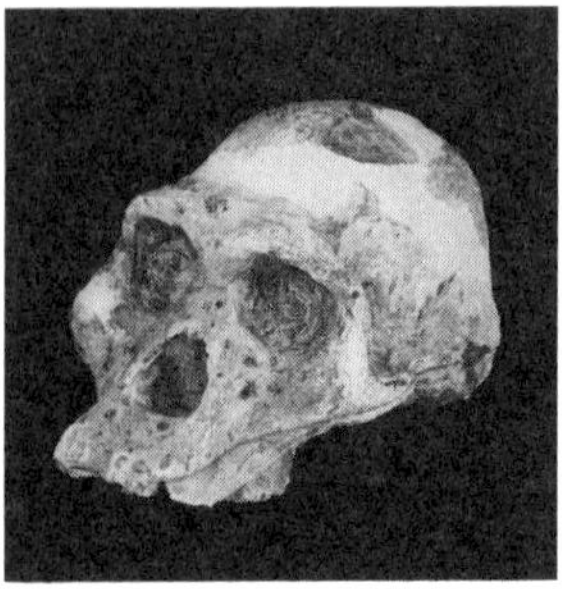

猿人（アウストラロピテクス・アフリカヌス）

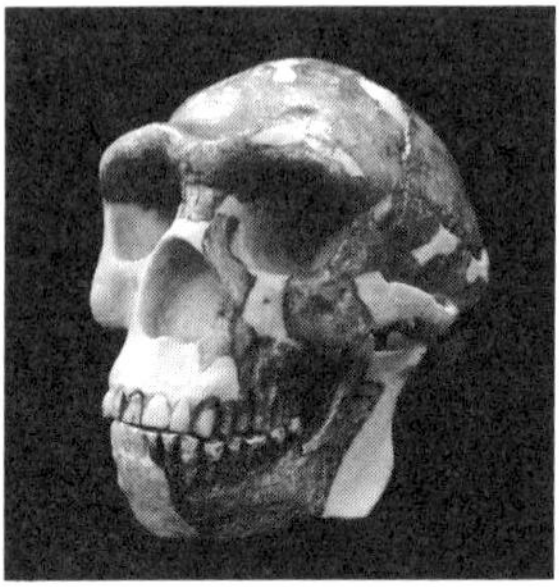

原人（北京原人）

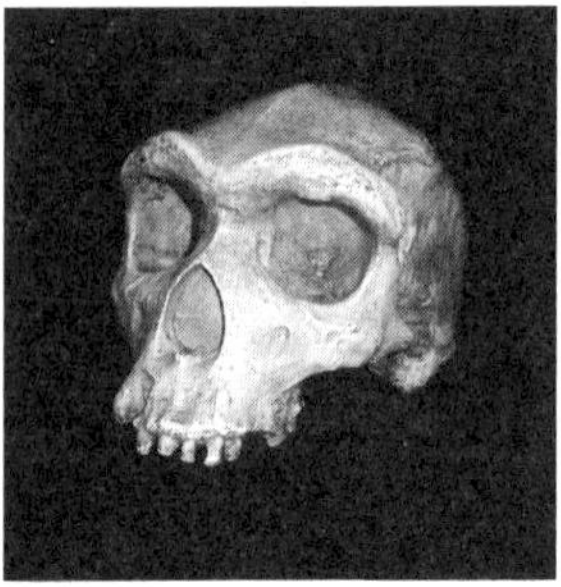

旧人（カブウェ）

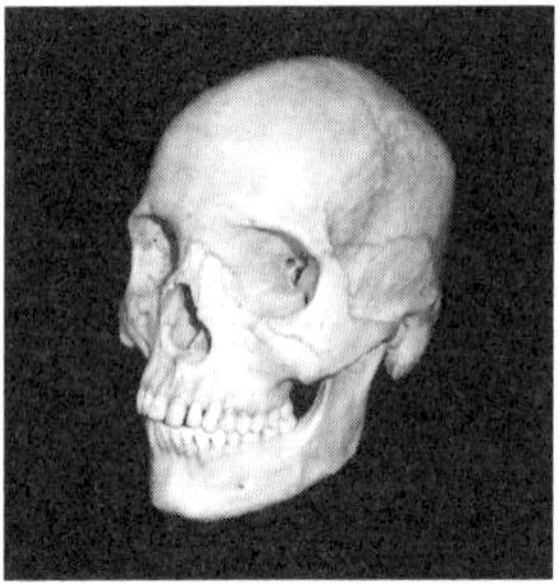

新人（現代インド人）

※新人以外はレプリカ。国立科学博物館所蔵

ンシスのルーシーを例にとると、推定身長が105センチ、体重は30キロ程度です。また、私たちホモ・サピエンスよりも、臼歯に対する比率が小さな切歯と犬歯を持つという特徴もあります。

次に来る原人は、顎や歯は猿人よりも小さくなり、脳は700~1200cc程度で、猿人と新人、すなわちホモ・サピエンスのちょうど中間ぐらいです。骨盤や大腿骨、足の指骨などは、より直立二足歩行に適した形に変わり、体そのものもかなり大きくなっています。あくまでも出土した個体がということで、すべてがそうだとは言えないのですが、北京原人では身長が約156センチ、ジャワ原人では約184センチのものが見つかっています。また、アフリカの原人は男性が180センチ程度、女性が160センチ程度と言われています。現代人と比べても、かなり大柄なのです。

旧人は、脳は1000~1500cc程度（ネアンデルタール人を除くと1000~1400cc）と、すでにホモ・サピエンスと同じか、やや大きいくらいになっています。ただし、旧人の一種であるネアンデルタール人の脳の構造は私たちとはかなり異なっていたようです。機能が違っていたかどうかまではわかりませんが、前頭部が小さく、後方部分が大きいのです。また、旧人はいずれも眼窩上隆起《がんかじょうりゅうき》（眉のあたりの出っ張り）がはっきりしていて、ネアンデルタール人では特に顔の中央部が突出していることが大きな特徴です。体は比較的がっしりしていると言われていて、身長は、たとえばフランスで出土した有名なネアンデルタール人化石「ラ・シャペローサン」は168・9センチ、イスラエルから出土した化石「アムッドI」は177・8センチと推定されています。

新人、すなわち私たちホモ・サピエンスの脳の大きさは、世界中から集めた122集団の平均値で、男性が1426・6cc、女性が1272・0ccという報告があります。旧人とほぼ同じ大きさですが、頭蓋の形が丸いのが特徴です。顔は眼窩上隆起がほとんどなく、下顎の先端の尖った部分である頤《おとがい》が発達しています。そして、体の大きさや皮膚の色がさまざまであることは、皆さんご存知の通りです。

ところで、私たちホモ・サピエンスは、類人猿などに比べると、かなり鼻が高いという特徴がありますが、なぜ鼻が高くなったのかおわかりでしょうか？　実は、鼻が〝高くなった〟わけではないのです。先に、大進化の過程で人類の頭は大きく丸く、顎と歯は小さく華奢になったと述べましたが、その結果、鼻が目立つようになっただけなのです。環境が変わっても、空気を温めて湿り気を与えるという鼻の機能は必要であったため、鼻はそれまでとほぼ同じ大きさや形を保ちました。つまり、鼻が変わらず顎が奥に引っ込んだために、鼻が高くなったように見えますが、私たちの鼻の角度そのものは、類人猿とさほど変わらないのです。

5 原人はアフリカで誕生し、アフリカを出た

扁平な頭蓋と、まっすぐな大腿骨

ホモ・ハビリスがいた250万～150万年前は、進化段階の異なる何種類もの人類が同時に棲息していた、いわば猿人と原人の過渡期でした。この過渡期をどう渡るかによって、猿人から原人へ、やがては私たち日本人を含む現生人類へと続く人類進化の階段を上るか、絶滅への道を歩むかが決まったといってもよいでしょう。このような分岐点は進化のあらゆる段階にあり、たとえ偶然ではあっても、そのすべてにお

いて生き残る方向に進み続けた結果が、現在生きている私たちなのです。

この過渡期に人類の脳は急速に大きくなり、おそらくは200万年前頃にアフリカで、ホモ・ハビリスの中から原人が誕生しました。ただし、最初に原人の化石が見つかったのは、アフリカではなく東南アジアのジャワ島でした。1891年にジャワ島で原人の化石が見つかったとき、発見者であるオランダ人の解剖学者ユージン・デュボアは、これを〝ピテカントロプス・エレクトス（直立猿人）〟と名付けました。まさにサルとヒトとの間をつなぐミッシング・リンクの種であると思ったのと、大腿骨の形によって直立していたと推測したことからです。

しかし、このとき発見されたのは〝扁平な頭蓋〟と〝まっすぐな大腿骨〟であり、この〝類人猿に近い特徴〟と〝ヒトに近い特徴〟の組み合わせが、当時は「あり得ない」と考えられ、デュボアの説は認められませんでした。人類は先に脳が発達し、脳が発達したことで直立二足歩行をしたと考えられていたため、この頭蓋と大腿骨は別の個体のものだとされてしまったのです。しかしその後、もっと類人猿に近い化石が見つかったり、中国でも同様の化石が見つかったりしたことで、この化石の意義が見直され、ヒト属の一種であると認められて〝ホモ・エレクトス〟と名付けられました。

原人は、脳の大きさは猿人とホモ・サピエンスの中間（700〜1200cc程度）で、頭は平らで長く、頭頂部には「矢状隆起」が前後に走っています。矢状隆起とは、船底の中心線を船首から船尾まで走る竜骨に似た高まりのことですが、原人の場合はゴリラのオスにみられる「矢状稜」ほどは突出せず、穏やかな隆起です。

顔を見ると、眉のあたりには発達した眼窩上隆起があり、下顎も大きく、かなりごつい印象です。体の骨も太く頑丈なのですが、骨格のバランスはホモ・サピエンスとほぼ同じで、地上生活に完全に適応していたようです。極端なことを言えば、現代人の体にゴリラの頭が載っているようなもので、19世紀末の人々が「あり得ない」と思ったのも無理はないかもしれません。

〝出アフリカ〟は、いつだったのか

200万年前頃に誕生した原人は、それから数十万年の間はアフリカの中だけで棲息し、100万年前頃になってアフリカを出たというのが、つい最近まで広く信じら

図5　原人の地理的分布（数字：万年前）

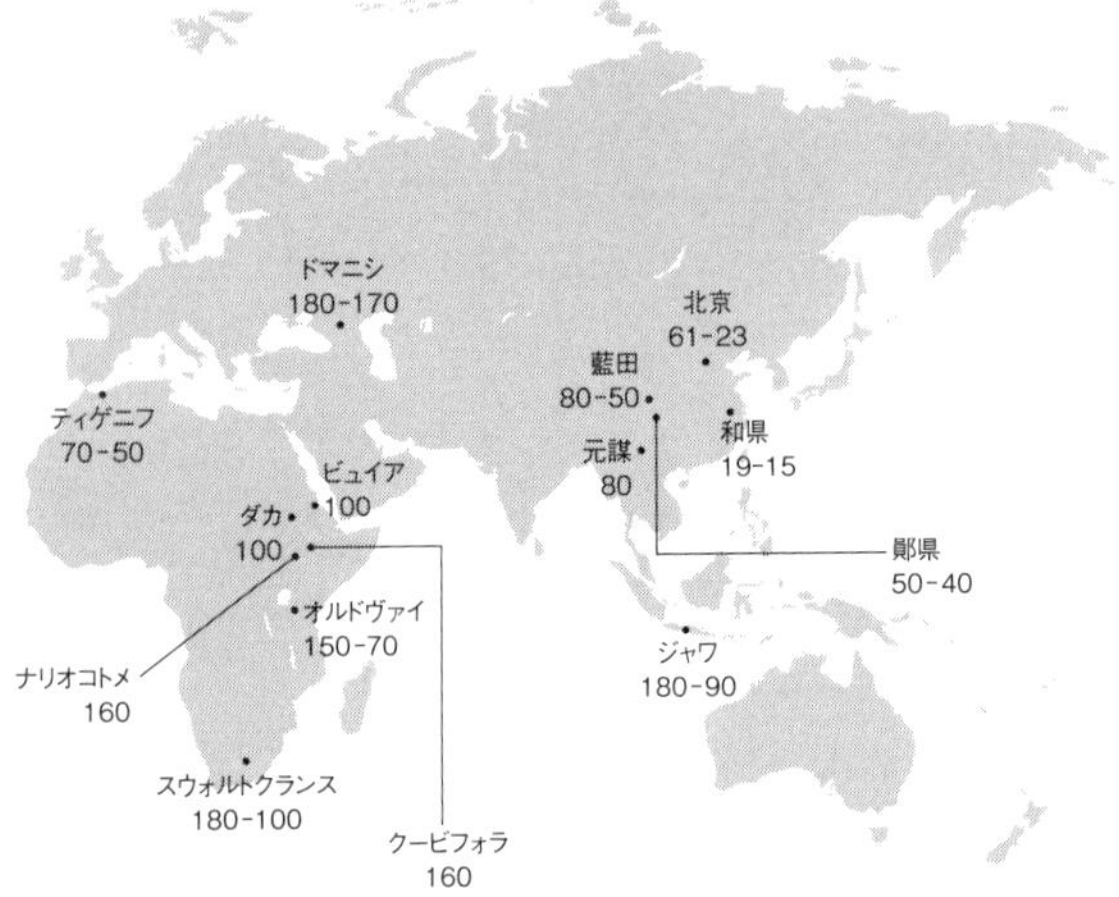

れていた説でした。脳も体もある程度大きくなり、多様な環境に適応できるようになったことで、アフリカの外で生きていくことが可能になった、というわけです。そのため、アフリカ内だけで暮らしていた初期の原人を、ヨーロッパやアジアの原人、ホモ・エレクトスと区別して、ホモ・エルガスターと呼ぶことがあります。

　ところが、「原人は100万年前頃にアフリカを出た」という通説は、1999～2001年に発見された3つの頭蓋化石によって、ひっくり返されてしまいました。グルジアのドマニシで、ホモ・エルガスターもしくはごく初期のホモ・エレクトスと考えられる、180万〜170万年前頃の化石が見つかったのです。これらの化石の脳は、約600〜775ccでした。そして、その後の四肢骨の研究から、身長は144・9〜166・2センチで、初期のヒト属並みかやや大きいくらいと推定されたのです。つまり、「脳や体が大きくなったことで、多様な環境にも適応できるようになったのだろう」という仮説も、成り立たなくなってしまったのです。

図5を見ていただくとわかる通り、ドマニシはアフリカから2000キロも離れた、カスピ海と黒海の間にあります。こんなに小さな人類が、これほど古い年代に、なぜアフリカから2000キロも離れた土地にいたのか？　これまでの説ではまったく説明がつきません。そのうえ、次項で述べるように、2003年にはインドネシアのフローレス島で、さらに小さな化石人類が発見されました。そのため、人類は原人になる前、もっと体が小さかった段階でアフリカを出て、ユーラシアに拡散していったのではないか、という説も出されています。

6 謎のホビット、ホモ・フロレシエンシス

ホモ・フロレシエンシスは、原人の末裔なのか？

2003年9月、インドネシアのフローレス島で、後に〝謎のホビット〟と呼ばれ、世界の注目を集めることになる化石が発見されました。身長106センチ、脳の大きさわずか380ccと推定される小さなヒト属、ホモ・フロレシエンシスです。

そもそも、脳の大きさがこれほど小さな、猿人の中でも小さいクラスのサイズしかない、ヒト属がいたこと自体が驚きだったのですが、さらに私たちを驚かせたのが、その棲息年代でした。発見された化石の年代を測定すると、彼らが棲息していたのは、約6万8000～1万7000年前だったのです。日本では1万6000年前頃から縄文時代が始まったとされていますから、1万7000年前というのは、まさに縄文時代の直前です。ネアンデルタール人も3万5000年前頃には滅び、人類は私たちホモ・サピエンスしかいなくなって久しいはずの時代に、異なる種の人類が生きてい

たのです。

発見された当初、彼らは、近くの島から渡ってきたジャワ原人が、〝島嶼化《とうしょか》〟によって小さくなったのではないかと考えられていました。島嶼化とは、限られた食料に対して最適化するために、小さな島では大型動物は小さく、小型動物は大きくなる現象で、フローレス島にもピグミー・ステゴドンという体長1メートルほどの象がいたことがわかっています。

ところがその後、彼らはヒト属ではあるものの、ドマニシで発見された化石人類よりも原始的な特徴があることがわかりました。そのため、アフリカで原人が誕生する前の段階、ホモ・エルガスターよりも前のホモ・ハビリスの頃にアフリカを出た人類が、フローレス島にたどり着いて独自の進化を遂げたのではないか、と考える人もいます。

この人骨を最初に研究したオーストラリアの人類学者ピーター・ブラウン氏は、「人類の進化にとって、アジアもアフリカと同じくらい重要な役割を果たした地であり、人類はアフリカからアジアへと一方的に移動したのではなく、アジアからアフリカへの移動も、行ったり来たりもあったのではないか」と、述べています。確かに、アフリカから外に向かっての一方通行であったと考える方が不自然な気もしますが、あなたはどう思われるでしょうか。

7 ネアンデルタール人とホモ・サピエンスは、同時代を生きていた！

私たちとネアンデルタール人の、共通の祖先とは？

原人に話を戻しましょう。いつアフリカを出たかはさておき、ヨーロッパやアジアに広がった原人は、各地で環境に適応して進化していきました。そして80万年前頃までにはアフリカ、あるいはヨーロッパ、あるいはその中間のどこかにいたホモ・エレクトスから、より脳の大きいホモ・ハイデルベルゲンシス（いわば旧人）が誕生したとされています。

ホモ・ハイデルベルゲンシスは、ドイツのハイデルベルクで最初に下顎骨が見つかったことからこう名付けられましたが、アフリカからユーラシアにかけて広く棲息していたようです。そして、原人と同様に各地で環境に適応して進化し、やがて分化します。おそらくは、アフリカに棲息していたホモ・ハイデルベルゲンシスの中から新人、すなわちホモ・サピエンスが誕生し、ヨーロッパに棲息していたホモ・ハイデルベルゲンシスの中から、こちらは旧人に分類されるホモ・ネアンデルターレンシス、すなわちネアンデルタール人が誕生したのだろうと思われます。要するにホモ・ハイデルベルゲンシスは、私たちホモ・サピエンスとネアンデルタール人との、最後の共通祖先であろう、ということなのです。

ネアンデルタール人とホモ・サピエンスの共通点

ネアンデルタール人は、日本では〝旧人〟に分類されていますが、実際には一部の新人よりも新しく、今から10万年前頃に現れたとされています。棲息していたのは、ヨーロッパから西アジアにかけての地域で、アフリカや東アジアには、ネアンデルタール人とは特徴の異なる旧人がいました。この、原人や旧人の姿形が棲息していた地域によって異なるという事実から、人類は各地でそれぞれに進化したという「多地域進化説」が生まれるのですが、それについては第2章で述べます。

ネアンデルタール人は、先にも述べた通り、頭の後方部分が大きく眼窩上隆起がはっきりしているなど、顔つきが私たちとはかなり異なっていたようです。しかし彼らには、ホモ・サピエンスと共通する行動や習慣が数多く見られます。たとえば、ネアンデルタール人の化石は、それ以前の人類に比べて格段にたくさん見つかっていますが、それは地中に〝埋葬〟されたからだと考えられています。死骸を地上に放置すれば、動物に食べられるなどして散逸してしまうはずの骨が、全身きれいに出土したり、ときには一カ所から何体もまとまって出土したりするのです。

遺跡からは天然の顔料である赤い土が出土していて、何らかのシンボルとして体や器物に塗ったのではないかと考えられています。これは、ヨーロッパにいたホモ・サピエンスのクロマニョン人なども行っていたことです。また、ネアンデルタール人は精巧な薄片石器を作り、木の柄を付けて槍にしていたらしいことや、外傷のある化石人骨があること、骨が太く筋肉質であったらしいことなどから、動物を狩っていたのだろうとされています。さらに前歯の形や、ひどくすり減っている歯があることなどから、歯で噛むことによって皮をなめしたり、植物の繊維を取り出したりしていたのではないかとも言われています。これらの点も、ホモ・サピエンスと同様です。

しかし、このように高い能力があったにもかかわらず、3万5000年ほど前にネアンデルタール人は滅び、ホモ・サピエンスだけが生き延びました。急激な寒冷化や、ホモ・サピエンスとの競合が原因ではないかと言われていますが、はっきりした理由はわかっていません。

ホモ・サピエンスとネアンデルタール人はどこで出会ったのか

人類学ではここ十数年間、ネアンデルタール人とホモ・サピエンスは、ヨーロッパで共存はしていたが、交配はしていなかっただろうというのが一般的な見方でした。ヨーロッパ内のさほど離れていない場所で、ほぼ同年代と推定される両者の遺跡や骨の化石が見つかってはいるものの、交流があったことを裏付ける証拠はないからです。

また、ネアンデルタール人の化石骨から抽出したDNAの分析でも、ネアンデルタール人と現生人類とは60万年以上前に分岐した別の種である、という結果が出ていたからです。しかし、異種交配があった可能性も否定しきれず、もしも、ネアンデルタール人と現生人類とが交配したとすれば、それはヨーロッパにおいてだろうと、考えられていました。

ところが2010年5月、異種交配があったことを支持する研究結果が発表され、私たちを驚かせました。それは、「ほとんどの現代人のDNAの中には、ネアンデルタール人由来のDNAが1～4パーセント含まれている。ネアンデルタール人とホモ・サピエンスが交配したのは、6万年前頃の中東である可能性が高い」というものでした。

その研究では、アフリカ南部と西部、フランス、中国、パプアニューギニアの5人の現代人を比較対象に選んでいますが、そのうちのアフリカ人を除く3人のDNAに、ネアンデルタール人のDNAが含まれていたのだそうです。そのことから、ホモ・サピエンスはアフリカを旅立った後、おそらく中東にさしかかったあたりでネアンデルタール人と出会い、そこで交配してから世界中に散っていったのではないか、という結論が導かれています。つまり、アジアの東の果ての島に暮らす私たち日本人にも、

図6　地域ごとに異なる人類進化段階

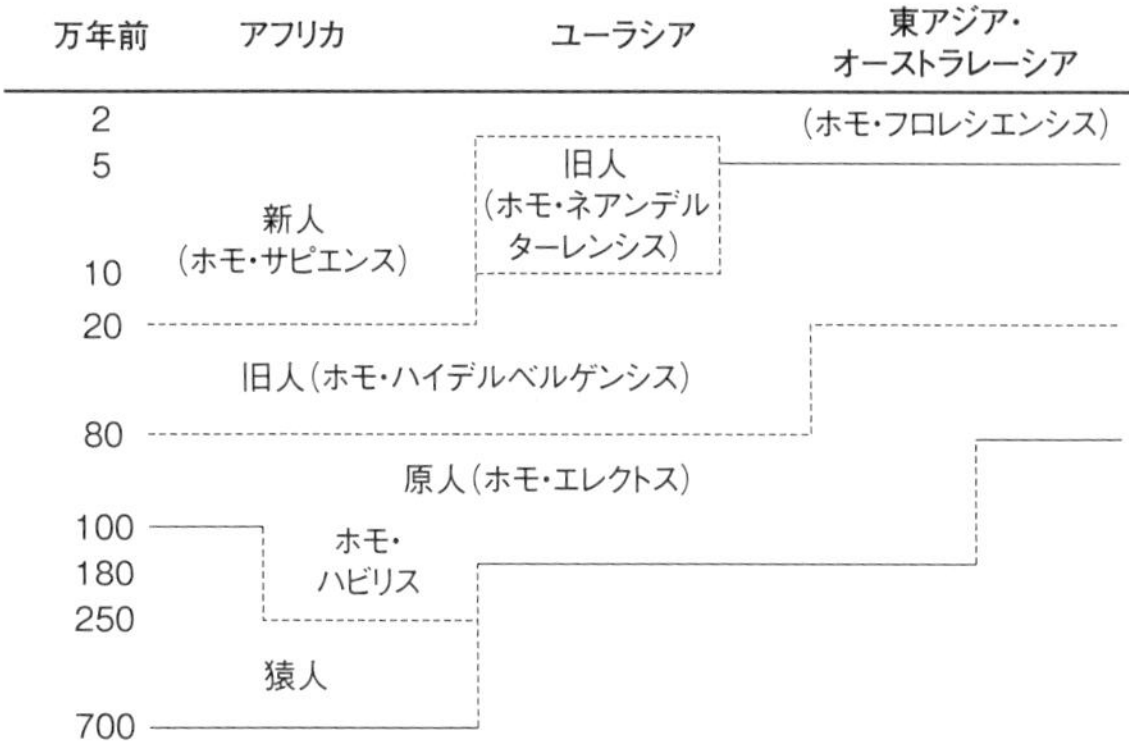

はるかな時空を超えてネアンデルタール人のDNAが受け継がれている可能性があるのです。

さらにその研究では、「異種交配は大規模なものである必要はない」ともされています。ネアンデルタール人と交わった人がたった1人か2人でも、その子孫が生き残っていけば、ネアンデルタール人のDNAは私たちの体に残るのです。

今現在、ネアンデルタール人が棲息していないことが明白である以上、彼らが滅んだのは間違いない事実です。しかし、これまで考えられてきたように、ホモ・サピエンスと置き換わるようにして絶滅したというのは、当たっていないかもしれません。そうではなく、交配することでしだいにホモ・サピエンス集団に吸収されていった、と考える方が自然かもしれません。実は、このような〝絶滅による置換〟か、〝交配による吸収〟かという問題は、日本人のルーツを考える際にもあります。縄文人と弥生人の関係においてですが、それについては第3章で詳しく述べます。

ところで、先に「異種交配の場合、交配第1世代には子孫を残す能力がない」と述べたのを覚えていらっしゃるでしょうか？　この定義に従えば、ネアンデルタール人と私たちホモ・サピエンスは、子孫を残せた以上「異種」ではなく、「亜種」に相当することになります。ただ、化石の種は一般的に「古（生物）種」と言うべきもので、現生生物の種の定義は、当てはめたくても当てはめられないのです。したがって、古生物学や古人類学で、形態的な違いから別種と定義したとしても、実際には混血した個体にも子孫を残す能力があったのかもしれません。

8 十数万年前、ホモ・サピエンスがアフリカで生まれた

最古のホモ・サピエンス、ホモ・サピエンス・イダルツ

ネアンデルタール人のことを先に述べましたが、私たちホモ・サピエンスは、ネアンデルタール人よりも早く、おそらくは十数万年前にアフリカで、ホモ・ハイデルベルゲンシスの中から誕生しました。

〝十数万年前〟が、いったいいつ頃かというと、エチオピアのキビシュで発見された、19万5000年前と言われるホモ・サピエンスの化石（オモ1号、オモ2号）もあるのですが、これにはまだ年代について異論もあります。そのため、現時点で最古と広く認められているのは、1997年にエチオピアのヘルトで発見された16万～15万4000年前と推定される化石、ホモ・サピエンス・イダルツです（図7）。

〝イダルツ〟とは、現地語で〝年長者〟を意味し、亜種レベルで現代人（ホモ・サピエンス・サピエンス）と区別されるとして、ホモ・サピエンスの後にイダルツとい

図7　ホモ・サピエンス・イダルツ

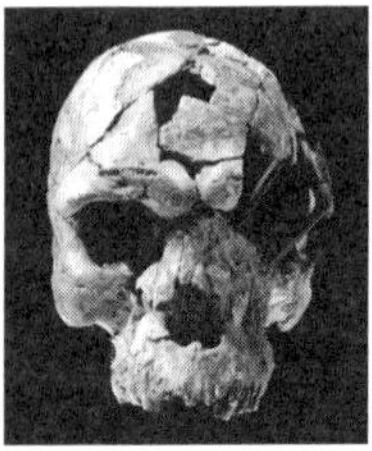

出典：Tim D. White, Berhane Asfaw, David DeGusta, Henry Gilbert, Gary D. Richards, Gen Suwa and F. Clark Howell, "Pleistocene *Homo sapiens* from Middle Awash, Ethiopia", *Nature* 423 (12 June 2003), p742-747

う亜種名がつけられました。基本的には現代人と同様の顔つきをしていますが、頭蓋が大きく、弱い眼窩上隆起があるなど、やや原始的な特徴を残しているのです。ホモ・サピエンス・イダルツはまた、発掘された地名をとって〝ヘルト人〟とも呼ばれています。

ヘルト人の骨を分析したアメリカの人類学者T・D・ホワイトらによれば、発見された人骨破片から復元されたのは、成人の頭蓋2つと、6～7歳の子どもの頭蓋1つでした。そのうちの成人の頭蓋一つは保存状態がよく、おそらくは男性のものであり、頭蓋の最大長が219・5ミリ、頭蓋の最大幅が155ミリ、頭蓋腔容積が約1450㏄と、かなり大きめであることがわかりました（現代日本人男性の平均は頭蓋最大長178・9ミリ、頭蓋最大幅140・3ミリ、頭蓋腔容積1551・8㏄）。

そして、これら3つの頭蓋の形態を総合的に検討したところ、ネアンデルタール人的な特徴はまったく見当たらず、アフリカのホモ・ハイデルベルゲンシスのような形態と、化石ホモ・サピエンスの形態の中間の状態を示していたそうです。

また、ヘルト人の遺跡からは、石器が発見されていますし、カバを繰り返し、かつ組織的に殺した証拠も見つかっています。つまり、集団でカバを狩って、食料にしていたのでしょう。さらに頭蓋には、成人・子ども共に、切り傷や死後に磨いたような跡などがあり、死者に対して何らかの儀礼的な行為がなされていたことをうかがわせるそうです。

アフリカではヘルト人以外にも、南アフリカのクラシーズ河口からは11万～9万年前の、ボーダー洞窟からは11万～3万年前のものなど、古いホモ・サピエンスの化石が見つかっています。

第2章で詳しく述べますが、アフリカで誕生したホモ・サピエンスは、10万年前頃までにはアフリカを出て、中東に達したとされています。おそらくそこでネアンデルタール人と交わり、その後、世界各地に拡散していったであろうことは、先に述べた通りです。私たちホモ・サピエンスは、その土地の環境に適応しながら、熱帯雨林や島嶼、高山や北極地方にまで、棲息地域を広げていきました。その過程で、肌や髪の色、体の大きさ、顔つきなどが変化し、現在のように多様な外見が生じたのです。

女性の胸は、なぜ膨らんでいるのか？

私たち現代の人類は、外見的には多様ですが、脳の大きさや骨格などは、多少のばらつきはあるものの同じといってよい範囲に含まれます。私たちがなぜ多様な外見をしているのかという、ホモ・サピエンスの小進化については第2章で述べるとして、ここではもう一度、大進化の過程で私たちが手に入れた形質をまとめておきましょう。

まず、私たちの頭蓋には、丸いという特徴があります。23ページの図1を見ていただくとよくわかるのですが、チンパンジーの頭蓋は後ろに長く、顎が前に突き出た、ラグビーボールのような形をしています。手指の背面を地面につくナックル・ウォーキングならばこれで問題ないのですが、直立二足歩行の場合にはバランスが悪いうえに、大きくなった脳を収めるスペースも足りません。そのため人類の脳頭蓋は、直立二足歩行でもバランスをとりやすく、なおかつ大きな容積を確保できるように、徐々に上へと巻き上がってきました。さらに、顎が小さく華奢になったため奥に引っ込み、頭蓋が全体として球に近くなったのです。

頭蓋が丸くなったことで、斜めだった額はほぼ垂直になりました。額が斜めだったときには、固いものを噛み砕いたりすると縦方向にかなりの圧力がかかるため、額だけではその圧力を受け止めることができず、補強構造が発達していました。それが眉のあたりの出っ張り、眼窩上隆起ですが、額が垂直のホモ・サピエンスは額だけでその圧力を受け止められるため、眼窩上隆起が縮小したのではないかと考えられています。

鼻は、吸い込んだ空気を温めたり湿り気を与えたりする機能が必要であったために、上顎が小さくなっても従来の形のまま残りました。そしてもう一つ、顎が小さくなっても元の形のまま残ったとされるのが、下顎の先端部の頤、英語で言うところのチン(chin)です。頤は、下顎全体が前に突き出している類人猿や猿人などにはありません。歯槽部だけが引っ込み、頤が前に突き出したまま残った理由には諸説あって、発声に必要な筋肉を支えるためだとか、下顎を引いたときに気道を圧迫しないためだなどと言われています。

類人猿やほかの動物にはある体毛が、ホモ・サピエンスでは極端に薄いのも、人類の祖先が森林を出て、草原で直立二足歩行をするようになったことと関連しているようです。アフリカの草原は日陰がほとんどなく、昼間は非常に暑いため、肉食獣たちは夕方か夜、あるいは明け方に狩りをします。しかし、鋭い牙や爪といった強力な武器を持たない私たちの祖先は、肉食獣たちに伍して涼しい時間帯に狩りをすることができなかったのでしょう。そこで、肉食獣との競合を避け、昼の間に狩りをするようになったのではないでしょうか。

しかも私たちの祖先には、4本足の動物のように速く走る能力もありませんでした。肉食獣と競合しなくなっても、獲物を捕まえられなければ、意味がありません。そこで私たちの祖先は、スピードの代わりに長距離を走る能力を身につけたのです。チーターのように一瞬で獲物を捕らえるのではなく、獲物が疲れるまで追い続けてしとめる戦略を採ったわけです。

しかし暑い昼間、しかも長時間走り続けるには、効率的に体温を下げる必要があります。体毛があって汗腺が発達していない状態では、それは不可能でした。ところが、たまたま、私たちの祖先の中の誰かが、突然変異によって体毛が薄くなり、汗腺が発達して、大量の汗をかけるようになったのです。そして、昼間の狩りで獲物をしとめられるようになった彼らだけが、子孫を残すことができたと考えられるのです。

また、粘膜でできた唇があることや、女性の胸が膨らんでいるのも、私たち人類の特徴です。これは、四つん這いもしくはナックル・ウォーキングのときにはよく見えた生殖器が、直立したことで見えなくなったのを、カバーするためだと言われています。唇は生殖器の、乳房は臀部の擬態だというのです。座った形で過ごすことが多いゲラダヒヒのメスの胸の襞《ひだ》の形や、マンドリルのオスの顔面の配色が生殖器に似ているのは、人類の擬態による性的な信号発信の、間接的な証拠だと考えられています。ただし、歯や骨の変化は化石を研究することでたどれますが、毛や粘膜や脂肪は化石として残らないので、いつどのように変化したかはわかりません。

骨についてもう少し述べると、今のような頭蓋と骨盤の大きさのバランスも、私たちが大進化の過程で手に入れたものであり、直立二足歩行や脳の発達に大きく関わっています。哺乳動物は、母親の胎内で受精卵から胎児に成長しますが、胎児が産道を通れる大きさでないと、生まれ出ることができません。中には、すぐに歩けるほどに成長してから生まれる鹿の仲間のような動物もいますが、頭が大きくなった人類は、その状態まで成長したのでは頭が大きすぎて、産道を通れなくなってしまいます。そのため、頭が産道を通れるぎりぎりまで胎内で成長し、あとは生まれ出てから成長することになったのです。

つまり、人類はほかの哺乳動物に比べて非常に未熟な状態で生まれ、独り立ちするまでに長い時間がかかるのです。が、そのことが人類の脳をさらに発達させました。親子が一緒に過ごす期間が長いために、何もないところから自分1人で得ようとすれば、膨大な時間がかかる知識や技能を確実に身に付け、さらに発展させることが可能になったからです。

現代人にとっては当たり前な人類の特徴も、祖先たちが700万年という長い年月をかけて少しずつ獲得してきたものであり、いわば私たちの姿形が、人類の進化の道筋そのものを表しているのです。

第2章

アフリカから南太平洋まで、ホモ・サピエンスの旅

1 北京原人が現代中国人になった、わけではない

「多地域進化説」と「アフリカ単一起源説」

私たち日本人の祖先は、ついに十数万年前、７００万年に及ぶ猿人から新人、すなわちホモ・サピエンスへの旅を終えました。そして今度はアフリカからユーラシアを抜けて南米へ、あるいは南太平洋へと至る旅に出発したのです。第2章では、世界中へと広がるホモ・サピエンスの旅を追いますが、その前に、私たちホモ・サピエンスのルーツをめぐる2つの大きな説について述べておきましょう。

人類学では現在、私たちホモ・サピエンスはアフリカで誕生し、アフリカから世界各地に拡散したという「アフリカ単一起源説」が主流です。しかし以前は、先にアジアやヨーロッパに拡散していた原人などが、各地で独自に進化してホモ・サピエンスになったという「多地域進化説」が主流でした。

というのも、同じ地域に棲息していた先行人類とホモ・サピエンスとで、一部の特

徴がよく似ている場合があったからです。たとえば、これは人類学の世界では有名な話ですが、北京原人と現代中国人の〝シャベル型切歯〟があります。シャベル型切歯とは、真ん中が窪んで両側の縁が出っ張った、まるでシャベルのような形をしている切歯のことですが、この特徴的な歯が、北京原人にも現代中国人にもあるのです。そのため長い間、北京原人が現代中国人の祖先だと信じられてきたのです。この説は、世界的には否定する人が大多数ですが、中国では今でもそのように考えている研究者が多いようです。

同じようなことから、現代アフリカ人はアフリカで進化した人類の子孫であり、現代アジア人はアジアで進化した人類の子孫であり、現代ヨーロッパ人はヨーロッパで進化した人類の子孫であると、考えられた時期があったわけです。

しかし、異なる種の動物が、同じ環境で似たような姿形になるのはよくあることです。たとえば、ペンギンとイルカとサメは、鳥類と哺乳類と魚類ですが、よく似た紡錘形の体をしています。これは、海の中で獲物を追い、猛スピードで泳ぐことに適応した結果だと考えられます。まして同じ人類であれば、同じ環境下で似たような姿になることも不思議ではありません。形態が似ているからといって、直系の祖先とは限らないのです。

さらに、科学・技術の進歩によってＤＮＡを分析・比較できるようになったことも、アフリカ単一起源説を後押ししました。方法については次項で説明しますが、各地に住む現代人のＤＮＡを比較したところ、ヨーロッパ人も、中国人も日本人も、アメリカやオーストラリアの先住民も、すべてアフリカのホモ・サピエンス起源であるらしいことがわかってきたのです。

それに加えて、新しい年代測定技術の登場によって、それまでいつ頃のものかわからなかった化石の年代が特定できるようになったことも、アフリカ単一起源説を後押ししました。１９８０年代末になって、ネアンデルタール人よりも新しいと考えられていたホモ・サピエンスの化石の一部が、実はネアンデルタール人よりも古いことが判明したのです。それによって、ネアンデルタール人はヨーロッパや中近東の人々の祖先であるという仮説が崩れ、多地域進化説が成り立たなくなってしまったのです。

ただ、「それでは、先行人類はすべて滅んだのか？」という謎は、まだ解決できていません。ネアンデルタール人のところで述べたように、ホモ・サピエンスに急激に滅ぼされてしまったという説もあれば、交配して徐々に同化していったのではないかとする説もあるのです。

私たちはすべて、1人の女性〝ミトコンドリア・イヴ〟の子孫か?

では、DNAの分析・比較によって、なぜ私たちのルーツがわかるのでしょうか?

DNAは、細胞が分裂するとき、自分自身を複製することで、分裂前の細胞の遺伝情報を分裂後の細胞に伝えます。ほとんどの場合は、分裂する前とまったく同じに複製されるのですが、稀にちょっとしたコピーミス、すなわち部分的な突然変異が生じることがあります。この突然変異が命に関わるものであれば、その人は死んでしまいますから、DNAの変異は子孫に伝わりません。しかし、命に関わらない変異はそのまま子孫に伝わり、しだいに蓄積されていきます。したがって、DNAに蓄積された部分的な変異の種類や量を調べることで、その人がどの人類の集団と近いか遠いかなどがわかるのです。

この原理は同じなのですが、人類学の研究対象となっているDNAには、2つのタイプがあります。一つ目は「核DNA」と呼ばれるもので、細胞の核の染色体を構成しています（染色体は、DNAと、ヒストンというタンパク質などからできています）。核DNAのうち、男性だけが持つY染色体のDNAは、それを分析することで父系の道筋を追えるため、集団の類縁関係の研究にもしばしば使われます。そして2つ目が、細胞の核の外にある小さな器官、ミトコンドリアの「ミトコンドリアDNA（mtDNA）」です。

ミトコンドリアは、細胞質内にあって細胞にエネルギーを供給する役目を担う小器官で、独自のDNAを持っています。そのmtDNAには、突然変異を蓄積しやすいうえに構造が単純で扱いやすく、母から子へと母系遺伝するために、父からの遺伝情報が入らず進化の道筋をたどりやすいという特徴があります。そのため、mtDNAによる研究が盛んに行われてきたのです。現代人のmtDNAの起源はアフリカの1人の女性のmtDNAだとする有名な〝イヴ仮説〟も、このようなDNAを調べることで母系のルーツをたどって立てられたものです。

イヴ仮説は、アメリカの人類遺伝学者レベッカ・キャンとマーク・ストーンキング、アラン・ウィルソンによって１９８７年に発表され、人類学の世界に大きな衝撃を与えました。その当時の彼らの仮説によれば、私たち現代人のｍｔＤＮＡはすべて、29万～14万年前のアフリカに棲息していた１人の女性〝ミトコンドリア・イヴ〟のｍｔＤＮＡの子孫だというのです。

ただし、これは、アフリカの化石現生人類（ホモ・サピエンス）がホモ・ハイデルベルゲンシスからこの時期に集団として出現した、ということを必ずしも示すものではありません。ｍｔＤＮＡの進化は、ハイデルベルゲンシスからサピエンスへ変化する際の核ＤＮＡの進化とは必ずしも一致しているとは限らない、と考えられるからです。

ところで、あなたは、「私たちの起源はアフリカの１人の女性である」と「私たちのｍｔＤＮＡの起源はアフリカの１人の女性のｍｔＤＮＡである」との違いがおわかりでしょうか？　少し長くなりますが、説明しておきましょう。

まず、１人の人の核の遺伝子を考えてみましょう。すべての核遺伝子は、核の中の

23対の染色体のDNA上にあります。染色体は、先に述べた通り、DNAとタンパク質からできています。1対の染色体、つまり同じような構造を持つ2本の染色体のうちの1本は母親から、もう1本は父親から来ます。これら2本の染色体のDNA上のある位置（座位と言います）に存在する遺伝子は、父方と母方の2つがあるわけですが、メンデルの法則でおなじみの優劣関係があって、どちらかが優性遺伝子の場合はどちらか一方のみでも、劣性遺伝子の場合は両方揃ったときだけ、その遺伝子が支配する形質が出現します。

そして、この2本の染色体のうちの1本、たとえば母由来の1本の祖先は、ということ、母方の祖母と祖父のうちのどちらかの染色体だったわけです。さらにその1本が祖母のものだったとすると、その祖先は祖母方の曽祖父か曽祖母の染色体の1本、ということになります。しかも、これが変化せずにすんなり受け継がれるのではなく、精子と卵子が作られるときに、母方と父方の2本の染色体が一部だけ交叉してから分離して1本になり、それが卵子や精子に入ったりするので、同じ両親から、少しずつ異なる子どもが生まれるわけです。

図8　核DNAの祖先

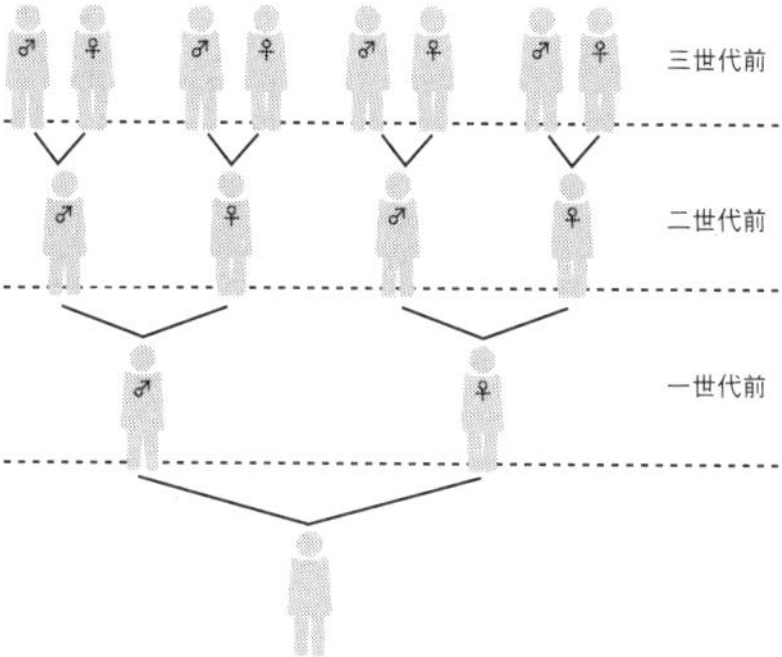

核DNAは父親と母親の両方から受け継がれるため、世代を遡れば、たくさんの祖先に行き着く。ただし、核DNAの１領域を占める１個の遺伝子について言えば、長い過去のある時点に生きていた１人の祖先の遺伝子にたどり着く。しかし、別の遺伝子の祖先遺伝子もその同じ祖先個体にあるとは限らないので、遺伝子の系図と個体の系図は必ずしも同じではない

したがって、1人の個体の1本の染色体（すなわち核DNA）自身の祖先は、ちょうど時間軸を下れば下るほどたくさんの子どもがいるのと同じように、時間軸を遡れば遡るほど、たくさんの祖先がいることになるのです。過去に遡ったら1人の祖先に行き着いた、ということにはならないわけです。イメージとしては、過去に遡るにつれて自分の体がバラバラになり、たくさんの祖先に分かれて存在している、という感じでしょうか（図8）。

この遺伝子を共有している集団が1つの生き物（有機体）のようなもので

すから、生物学で扱う対象は、結局、個人ではなく「集団」にならざるを得ないのです。

では、ｍｔＤＮＡはどうでしょうか。ｍｔＤＮＡの場合は、核ＤＮＡの場合とは異なります。先に述べたように、ミトコンドリアは細胞の核ではなく、細胞質の中にあります。そして、細胞質は卵子にはありますが、精子にはありません。したがって、男女とも、すべての人の細胞質は母親のものと同じです。

仮に、1人の女性から娘が生まれ、その娘がまた娘を産めば、その最初の女性の細胞質は存在し続けます。しかし、息子しか生まれなかったときは、息子は精子しか作れませんから、息子が結婚してできた子が娘であろうと息子であろうと、細胞質はすべて配偶者のものになってしまいます。つまり、最初の女性の細胞質は、そこで絶滅してしまうわけです。

一方、最初の女性の核遺伝子は、息子だけでなく孫にも、息子の配偶者の細胞質とともに引き継がれていきますので、最初の女性が生物体として絶滅してしまうわけではありません。最初の女性の細胞質とその中のミトコンドリアだけが、絶滅するので

図9　mtDNAの祖先

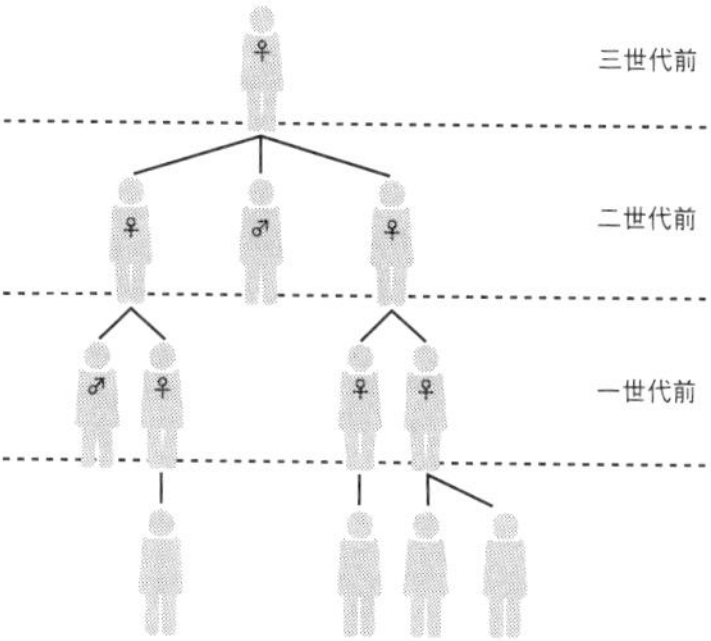

mtDNAは母親からのみ受け継がれる。そのため世代を遡っても収束することはあっても祖先が広がることはなく、最終的には1人の女性に行き着くことになる(ただし突然変異があるため、すべての人が同じmtDNAを持っているわけではない)

す。そのような絶滅の過程を繰り返すと、ある有限の地域（孤島でも地球全体でも）には、結局、ある時点に存在していた1人の女性の細胞質（ミトコンドリア）だけが生き残ることになる、というわけです。逆に言えば、mtDNAの場合は、過去に遡れば1人の女性、つまりミトコンドリア・イヴに行き着くのです（図9）。

したがって、「私たちのmtDNAの起源はアフリカの1人の女性のmtDNAである」とは言えますが、「私たちの起源はアフリカの1人の女性である」とは言えません。このように言うためには、核DNAもすべてその女性に行き着かなければなりませんが、先に述べたように、核の染色体の祖先は過去に遡るほど多くなるからです。ちなみに、現代人のミトコンドリアがミトコンドリア・イヴのミトコンドリアとまったく同じかというと、そうではありません。突然変異などで少しずつ部分的に変化してきているからです。分子人類学者は、その細かい違いをうまく利用して、系統を追いかけているのです。

話をもとに戻しましょう。イヴ仮説は発表されるや否や激しい議論を巻き起こしましたが、現在では分岐年代などに異論はあるものの、大筋で認められています。また、その後の研究によって、アフリカを出た後のホモ・サピエンスに、ボトルネック効果が働いた可能性のあることが指摘されています。ボトルネック効果とは、狭い瓶の口を通り抜けるときのように、何らかの支障があってそこを通過できる数量が減り、たまたま通過した者の特徴（遺伝子）のみが、その子孫の集団に受け継がれることを言います。

つまり、ｍｔＤＮＡの変異がアフリカ人では多様であるのに対し、それ以外の人々では少ないのは、アフリカを出て拡散する過程で、寒冷化や砂漠化などのボトルネックによって人口が一挙に減り、そこを通り抜けられた少数の人々のｍｔＤＮＡだけが後世に伝わったからではないかというのです。さらに、アフリカ人自体のｍｔＤＮＡも、アフリカに棲む類人猿であるチンパンジーに比べると多様性が少なく、アフリカの中でも何らかのボトルネックがあったのではないか、とも言われています。

2 ホモ・サピエンスはいつ、どのようにしてアフリカを出たのか？

〝嘆きの門〟からアラビア半島を抜けて

私たちホモ・サピエンスは、今では日本列島を含む地球上のほとんどあらゆる場所に棲息していますが、それでは私たちの祖先はいったいいつ、どのようにしてアフリカを出、これほど多様な環境に適応していったのでしょうか？

人類拡散のルートをたどる最大の手がかりは、各地で見つかった化石の年代です。その地域で最も古い化石現生人類（化石となったホモ・サピエンス）の年代を、遺跡ごとに落とし込んでいくと、私たちの祖先がいつ、どこまで拡散したかがある程度わかりますが、それが図10「新人（ホモ・サピエンス）の出アフリカと拡散経路推測図」です。

化石を追っていくと、十数万年前にエチオピアのあたりにいたホモ・サピエンスの祖先は、アフリカを出たあとユーラシアの南岸沿いを東に進み、東南アジアにたどり着いたところでルートを北に転じ、少なくとも2万年前頃までには日本列島にたどり着いていたようです。ただしこれは、あくまでも化石人骨による年代で、石器など考古遺物からの推定ではもうちょっと古く、4万年前頃には日本列島に化石現生人類がいたと考えられています。日本では土壌の成分や気候のせいで人骨が化石として残りにくく、なかなか古いものが見つからないのです。

日本については第3章で詳しく述べるとして、本章では先に、アフリカから世界各地へのルートを見ていくことにしましょう。まず、〝出アフリカ〟で最初に問題になるのが、どこからアフリカを出たかです。皆さんは、私たちの祖先はどこを通ってアフリカを出たと思いますか？　現在、有力なルートは2つあったと考えられていて、その一つがアフリカ東部から紅海の入り口、通称〝嘆きの門〟と呼ばれる海峡を通っ

図10　新人(ホモ・サピエンス)の出アフリカと拡散経路推測図
(数字：その地域における最古の新人化石の年代〔万年前〕)

て、アラビア半島の南端に至る道です。

このルートは、最古の化石現生人類であるホモ・サピエンス・イダルツが見つかったエチオピアのヘルトからも近く、そこから先、ユーラシアの南岸へと進むのにも合理的であるように思えます。さらにDNAの分析からも、ホモ・サピエンスはこのルートをたどって世界各地に広がった、という結果が出ているようです。とはいえ、〝嘆きの門〟は幅20キロもある海峡です。果たして当時の人類が、この海を渡れたでしょうか?

実は、私たちの祖先がこのルートを通ってアフリカを出たとされる7万〜6万年前頃は、氷期で今よりも気温がずっと低く、水が巨大な氷床となって陸に閉じ込められたため、海の水位が最大で100メートルも下がったと考えられています。つまり、海水面が下がった分だけ陸地が広がって、嘆きの門は今よりもずっと狭かったとされているのです。ただし、完全に陸続きになったわけではないようですから、まだ石器時代段階にあった私たちの祖先が、どうやって海を渡ったのかという謎は残ります。

先に、ホモ・サピエンスは何らかのボトルネックに遭遇したらしいと述べましたが、確かにこのような物理的な障害があれば、仮にアフリカを出られたとしても、非常な困難を伴い、ボトルネック効果が生じただろうことは想像に難くありません。

北アフリカからシナイ半島を抜けて

出アフリカのもう一つのルートは、アフリカ北部からシナイ半島を抜け、中東に至る道です。これは、陸伝いにアフリカを出られる唯一のルートではありますが、ホモ・サピエンスが東アフリカのエチオピア近辺、すなわち大地溝帯で誕生したとすれば、途中にサハラ砂漠という障害があります。この広大な砂漠を、私たちの祖先は歩いて渡ることができたのでしょうか?

もしも、私たちの祖先が、嘆きの門ルートと同じ7万〜6万年前にサハラ砂漠を抜けようとしたのであれば、それは無理だったかもしれません。当時は氷期であり、大量の水が氷となっていたため、氷のない地域では乾燥化が進んでいたからです。ところが近年、このルートでの出アフリカは、もっと早い時期だったことがわかってきました。イスラエルのカフゼーで見つかったホモ・サピエンスの化石が、約10万年前のものであることが判明したのです。

つまり、私たちの祖先は10万年以上前にアフリカを出ていたわけで、そのことが出アフリカを可能にしたのかもしれません。最終氷期の開始期については12万年前頃とか、8万年前頃などと諸説あるようですが、10万年前前後はまだそれほど気温が下がっていなかったらしく、その後の寒冷化に伴う乾燥によって砂漠となったサハラにも、私たちの祖先が通り抜けた当時は、水や緑のあった可能性があるのです。また、氷期の間も気温が一定であったわけではなく、寒いなりに上がったり下がったりしていたため、比較的暖かい時期にはサハラに緑があったのかもしれません。

3 ホモ・サピエンスがヨーロッパにたどり着くまで

8万年前に一旦退却した!?

10万年前頃、イスラエルのカフゼーに現れたホモ・サピエンスは、3万5000年前までにはヨーロッパに到達していました。ただし、ヨーロッパに現れたホモ・サピエンスが、イスラエルにいた人類の末裔かというと、それがはっきりしないのです。というのも、8万年前頃を境にイスラエル近辺からホモ・サピエンスは姿を消し、代わりにそれ以降5万年前頃までは、ネアンデルタール人が棲息していたらしいからです。

なぜ、私たちの祖先は、せっかく住み慣れた土地を捨てて、去っていったのでしょうか? その理由の一つは、気候変動だろうと考えられています。当時は、今から2万年前に迎えた寒さのピークに向けて、気温が短いスパンで上下しながらも、全体としては下がり続けていた時期です。アフリカから出てきて体が寒冷地適応していなかった私たちの祖先は、イスラエルには寒くて住めなくなってしまったのではないか、というのです。

一方、ヨーロッパに棲息していたホモ・ハイデルベルゲンシスが進化して誕生したとされる、いわば北方起源のネアンデルタール人は、熱を放出しにくい体形をしているなど、体が寒冷地適応していました。そのため、氷期でもヨーロッパで暮らすことができたはずですが、氷期の中でも特に寒くなった時期に、イスラエルのあたりまで

図11　化石現生人類とネアンデルタール人の頭蓋

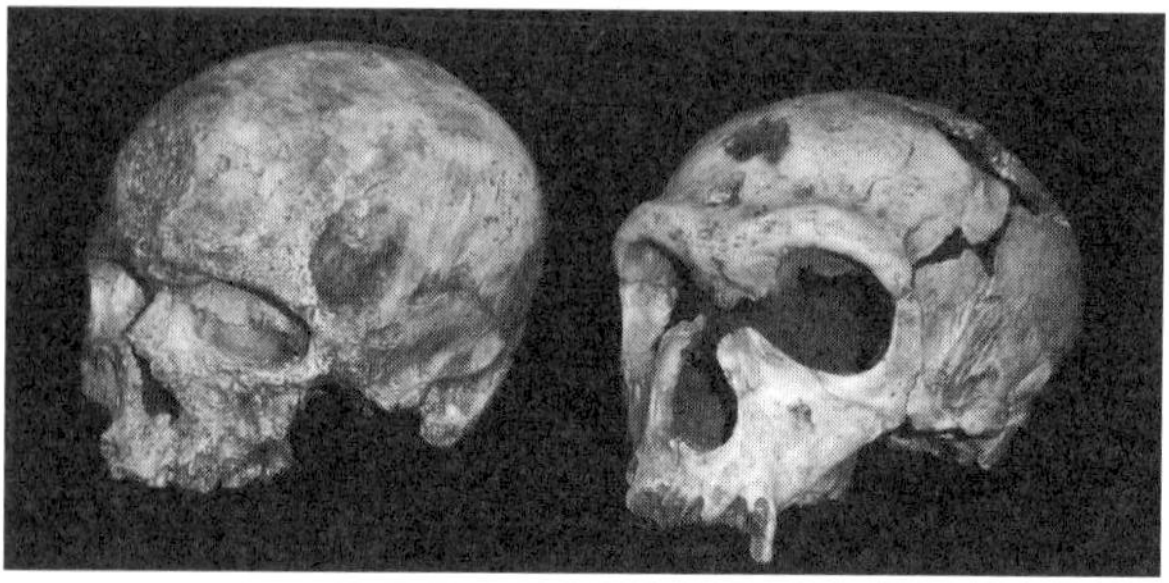

左側が化石現生人類（クロマニョン）で、右側がネアンデルタール人（ラ・シャペローサン）の頭蓋（レプリカ）。国立科学博物館所蔵

南下してきたのでしょう。もしも両者が出会ったとすれば、食料をめぐる争いなどもあったでしょうし、ホモ・サピエンスは自発的に南へ移住したのではなく、ネアンデルタール人に滅ぼされたのではないか、と考えることもできます。

ともあれ、一旦イスラエルから姿を消したホモ・サピエンスが、なぜ、もっと寒くなった3万5000年前頃になって、ヨーロッパに姿を見せたのでしょうか？　その答えは、ヨーロッパの化石現生人類であるクロマニョン人の暮らしぶりにあります。彼らは精巧な石器を作って動物を狩り、石を並べた炉を作り、象牙や動物の角や骨で装飾品や縫い針を作り、皮をなめし、衣服やテントを作ったりしていました。さらに、暦かもしれない骨製の板まで発見されています。つまり、道具を発達させたことによって、寒い地域で生きることが可能になったと考えられるのです。

イスラエルから姿を消した頃のホモ・サピエンスは、作っていた石器の形状などから、ネアンデルタール人と同程度の知能であったと考えられていますが、ヨーロッパに現れた頃には、その差は歴然としていたようです。ネアンデルタール人は何万年もの間、以前と同じような暮らしを続け、私たちの祖先のように精巧な石器や、寒さを防ぐのに効果的な道具などを作ることもなかったようなのです。

ヨーロッパから西アジアにかけてもともと棲息していたネアンデルタール人と、後からやってきたホモ・サピエンスは、数千年間共存していましたが、知能の差により、やがてネアンデルタール人は海辺や山中などの辺境へと追いやられていったのかもしれません。一部で両者が交配した事実があったとしても、ネアンデルタール人が再び勢力を盛り返すことは無理だっただろう、と一般的には考えられているのです。

頑丈型の猿人、パラントロプスが、栄養価の低い〝粗食〟を食べることに完璧に適応してしまったがゆえに滅びたように、ネアンデルタール人もまた、寒冷な気候に脳ではなく体で適応してしまったがゆえに、滅びたのかもしれません。私たちの祖先は体が寒冷地適応していなかったために、寒さをしのぐ必要に迫られて道具を発達させ、それによって知能が発達し、さらに別の道具を作り、ということを繰り返したのでしょう。そして、もっと寒い地域にも住めるようになっていったのでしょう。

ヨーロッパ人は、なぜアフリカ人と違っているのか

ヨーロッパで暮らし始めた化石現生人類のクロマニョン人は、相変わらず出身地アフリカの暑い気候に適応した姿形をしていました。化石を見ると、初期のクロマニョン人は背が高く、前腕と下腿が長く、すらっとした熱を放出しやすい体形をしているのです。また、顔は上下に短く平坦で幅広く、鼻は現代ヨーロッパ人よりは幅広いもののネアンデルタール人よりは小さい、という特徴もあります。道具によって寒さから身を守れるようになったため、ネアンデルタール人のように熱を放出しにくいずんぐりとした体形や、外気を十分に温め湿らせられる大きな鼻にならなかったのです。

しかし、最寒期に向けて気温が下がるにつれて、多少は寒冷地適応をしたようで、

後期のクロマニョン人は、初期のクロマニョン人に比べるとずんぐりした体形をしています。髪や皮膚は化石として残らないのでよくわかりませんが、おそらく色も白くなっていったものと思われます。事実、クロマニョン人の子孫である現代ヨーロッパ人は、サバンナに暮らすマサイなどに比べるとややずんぐりした体形と、高く大きな鼻、白い肌といった特徴を持っています。

なぜ肌が白くなったかというと、ご存知の方も多いと思いますが、高緯度地方では太陽が斜めに射すため、単位面積あたりの光量が少なくなり、必然的に紫外線の量も少なくなります。しかし、ヒトが皮膚でビタミンDを合成するには、ある程度の紫外線が必要です。紫外線量が少ない高緯度地方では、メラニン色素が多いと紫外線をブロックしてしまい、必要な量のビタミンDを作れなくなってしまいます。それで、メラニン色素が少なくなって肌が白くなった人だけが、紫外線を十分に取り込むことができ、結果としてそのような人たちだけが生き残った、ということらしいのです。

ついでに述べると、ヨーロッパ人はアフリカ人より唇が薄いのも、肌の色に関係していると言われています。第1章で述べたように、唇が生殖器の擬態だとすると、肌の色が黒いアフリカ人は、厚くないと唇が目立ちません。しかし、肌の白いヨーロッパ人は赤さが目立つために、薄くてもよいわけです。さらに、粘膜を寒冷な気候から保護するためにも、唇は薄い方がよくなったというわけです。ただしこれも、化石証拠がないため、そう考えられるというにすぎません。

ヒトは暑い地域では小さかったが、寒い地域では大きくなった

ここで、これまでにも何度か出てきた「寒冷地適応」について述べておきましょう。寒冷地適応とは、文字通り寒冷な環境に適応して形質を変化させることを指し、よく例に引かれるのが熊です。熊は、暑い地域から寒い地域に向かって、東南アジアに棲息するマレーグマ、日本の本州などに棲むツキノワグマ、北海道などのヒグマ、アメリカ北部やカナダなどのハイイログマ、そして北極圏に棲むシロクマと、北上するにつれて体が大きくなり、耳などの出っ張りは小さくなっていきます。

なぜかというと、一つには、体が大きいほど熱を体内に溜め込みやすく、体外に放出しにくくなるからです。たとえば、単純に身長が2倍になったとすると、体表面積

は2の2乗で4倍に、体積は2の3乗で8倍になります。一方、熱の生産量は細胞の数、すなわち体積に比例し、熱の放出量は体表面積に比例します。つまり、身長が2倍になると熱の生産量は8倍になりますが、熱の放出量は4倍にしかならないのです。そのため、同じ種類の動物であれば、寒いところへいくほど体が大きくなるという法則が成り立ち、これを発見者の名を取って「ベルクマンの法則」と呼びます。

もう一つ、寒いところにいくほど凹凸が少なく丸くなるという法則を、やはり発見者の名を取って「アレンの法則」と呼びます。これも、凹凸が多いほど体表面積が大きくなり熱を放出しやすいため、寒冷地では同じ体積なら体表面積が最も小さい球に近づくのです。

私たちも、基本的に暑いところでは体が小さく、寒いところでは大きくなります。たとえば中国では、南の方の人は小さく、北に行くほど大きくなるという、身長の勾配があることが知られています。第3章で詳しく述べますが、日本でも、南方起源だとされる縄文人は小さく、北方起源だとされる弥生人は大きいという特徴があります。

また、アフリカの密林地帯に住む人々は体が小さく、熱を溜め込まない体形をしていますし、サバンナや西アジアの砂漠地帯に住む人たちは、手足が長くすらっとした表面積の大きい体形をしています。それに対して北アジアや北極圏に住む人たちは、手足が短くずんぐりした、熱を溜め込みやすく放出しにくい体形をしています。

寒冷地適応では、このほかにも鼻の形状などが知られています。鼻は、空気を温め湿らせてから肺に送り込む役目を担っているため、基本的には、寒く乾燥した地域に住む人ほど細く長い鼻、つまり上下の長さに対して相対的に幅の狭い鼻をしているのです。私は以前、現代人の頭や鼻の計測データと気候のデータを世界的規模で集めて、その相関関係を調べたことがありますが、頭の幅が広い集団ほど鼻の幅が狭く、かつ寒い地域に住んでいるという結果を得ました。ヒトの頭は、上から見ると横幅よりも前後の方が長いのが普通であるため、「頭の幅が広い」とは、丸いことを意味します。つまり、寒いところでは手足が短くなって体が球に近くなるだけでなく、頭も球に近くなっていたのです。

頭髪もまた、地域によって形状が異なっています。縮毛もしくは螺旋毛の方が、汗を発散しやすく頭が冷えるため、暑い地域の人たちには縮毛や螺旋毛が多いのです。

ただし、それでは直毛が頭を温かく保つために寒い地域で発達したかというと、そこのところはよくわかっていません。実は、ある形質が進化の過程で残っていくかどうかは、環境に適応しているかどうかだけでなく、偶然に左右されることがままあるのです。特にボトルネック効果が働いたときなどは、そこを通り抜けた人がたまたま備えていた形質が、子孫に受け継がれていくことになります。

また、北方アジア人の髭が薄いのも、寒冷地適応の一つだと考えられます。マイナス何十度にもなるような所では、髭が濃いと吐いた息が髭に凍りついてしまい、凍傷になる危険性があります。寒冷地では髭は薄い方がよいわけですが、そこで人類がどうしたかというと、おそらく「幼形成熟」という適応戦略をとったのではないかと考えられます。幼形成熟とは文字通り、幼い形を残したまま性的に成熟することを指します。

ホモ・サピエンスの場合、髭が生えるのは第二次性徴であり、成熟した大人の男性の特徴ですが、髭そのものが生殖に関わっているわけではありません。髭が生えなくても生殖に支障はないため、たまたま第二次性徴が現れないまま性的に成熟した人がいて、そちらの方が寒冷な環境に適していたため、その特徴が受け継がれていったのでしょう。髭は男性だけの形質ですが、おそらく幼形成熟に関する遺伝子は男女共通のものであったため、日本人も含む北方アジア人の顔や体つきが子どもっぽくなったのではないかと考えられます。なぜ、温暖な日本に住む私たちの姿形に、北方アジア人の要素が色濃く残っているかは、第3章で述べます。

モテたい気持ちが、姿形を変えた

このように、ヒトの形質は寒暖などの環境要因によって変わりますが、もう一つ形質に大きく関わる要因が〝性淘汰〟です。性淘汰とは、生殖に有利か不利かによって、ある形質が残るかどうかを指します。たとえば、私たちの肌の色は、どんな肌の色の集団でも、男性より女性の方が薄いのですが、これは性淘汰の一つで、脂肪の多さと関連していると考えられています。

脂肪が多い、すなわち太っていることを、今の日本では気にする女性が多いようですが、実は人類の長い歴史の中でずっと、男性は太っている女性を好もしいと感じてきました。なぜならば、胎児というもう一つの生命を体内で育むには、脂肪が必要だからです。しかし、700万年に及ぶ人類の歴史においては、ここ数十年の先進国を除けば、飢えている状態が普通であり、脂肪が多い女性を見つけるのは非常に難しいことだったはずです。

そのため男性は、なんとか脂肪の多い女性を見つけようとして、少しでも色の薄い人を生殖相手に選ぶようになったのではないでしょうか。脂肪が多く太っている人ほど、皮膚が伸びて色が薄くなる傾向があるらしいからです。これを女性の側からみれば、肌の色が薄い方が脂肪があるように見え、多くの男性から求愛されてよりよい相手を選べる、ということになります。

性淘汰に関して私が不思議だと思うのは、〝毛〟です。脇毛と陰毛には、「摩擦を軽減するためにある」とする説と、「アポクリン腺から出る匂いを溜めて異性にアピールするためにある」とする説の2つがあるのを、ご存知の方も多いと思います。では、頭髪はどうでしょうか？

男性には、頭髪が薄い人と、そうでない人がいます。頭髪が頭を保護するためにあるとすれば、薄いと危険ですし、頭髪が薄いとモテないとすれば、薄毛の人は子孫を残せないはずですが、そうでもなさそうです。いったいなぜ、頭髪が薄い人とそうでない人がいるのでしょうか？　その意味を知りたいというのが、私をはじめとする頭髪の薄い男性諸氏の大きな願いだといっても、過言ではないのではないでしょうか。

一説には、頭髪はヒ素や水銀など、体内に溜まった重金属の排泄器官だと言われています。そのため頭髪の薄い人は、やはり重金属を排出する機能のある髭が濃いというのですが、そう言われればそんな気もします。また、私たちホモ・サピエンスには薄毛の多い集団と、少ない集団があるようです。統計を取ったわけではないので、あくまでも私の〝感じ〟ですが、ヨーロッパでは日本よりも頭髪の薄い人が多く、しかしそれを嫌だと言う女性は、ヨーロッパの方が日本よりも少ないように思います。この辺に、性淘汰の働いた可能性を感じるのですが、ではどう働いたのかというとよくわかりません。

ところで、皆さんは鎌状赤血球貧血という病気をご存知でしょうか？　貧血によって命を落とす危険性もある遺伝病ですが、この病気は遺伝学者や人類学者の間では非常に有名です。というのも、マラリア原虫のいる地域では、鎌状赤血球貧血を起こす劣性遺伝子を持つ人が一定の割合でいて、その人たちはマラリアになりにくいことが知られているからです。

　ある人がどのような遺伝子を持つかは、父から受け継いだ遺伝子と母から受け継いだ遺伝子の組み合わせで決まります。たとえば、Ａという優性遺伝子と、ａという劣性遺伝子があった場合、父母からもらう遺伝子の組み合わせはＡＡ、Ａａ、ａａの３通りです。優性遺伝子同士の組み合わせＡＡならば生きていけるけれど、劣性遺伝子同士の組み合わせａａの場合は生きていけないとすると、ａはしだいに淘汰され、Ａａという組み合わせはやがてなくなるはずです。ところが、マラリア原虫のいる地域では、Ａａの人が常に何パーセントかいるのです。

　劣性遺伝子ａにはマラリア原虫に対する抵抗性があり、このような地域ではマラリア原虫に強いＡａの人が生き残っていくからです。もしかしたら、これと同じようなことが、頭髪にもあるのかもしれない、と考える人もいます。マラリア原虫に強い劣性遺伝子は、劣性遺伝子なのに淘汰されないのと同様に、頭髪が薄くなる遺伝子にも、何らかの意味があって淘汰されないのかもしれません。そうでないと、頭をぶつけたときにけがをしやすく、もしかしたら繁殖に不利かもしれない形質が、なぜなくならないのか説明がつきません。

性淘汰の話が出たところで、化石人骨でなぜ男女の別がわかるのかを説明しておきましょう。通常、髪や皮膚などは化石になりませんから、人類学者は骨だけで性別を判断しますが、皆さんは骨のどこを見れば性別がわかると思いますか？　そう、最もわかりやすいのは骨盤です。女性には出産という機能があるため、産道にあたる部分が丸く抜けていますが、男性の骨盤には赤ちゃんが通れるような空間がありません。そのほかは、どうでしょうか？

皆さんには意外かもしれませんが、頭蓋を見れば、かなりの確率で男女がわかるのです。私などは、頭蓋を見ると「女性らしい頭蓋だなあ」とか、「男性らしい頭蓋だなあ」などと思ってしまいますが、図12をご覧いただくと、その感じがおわかりいただけるのではないでしょうか。また、子どもの骨も大人の骨とは異なっています。標本をきれいにするために煮ると、子どもの骨は接合部が離れてバラバラになってしま

図12　頭蓋の性差

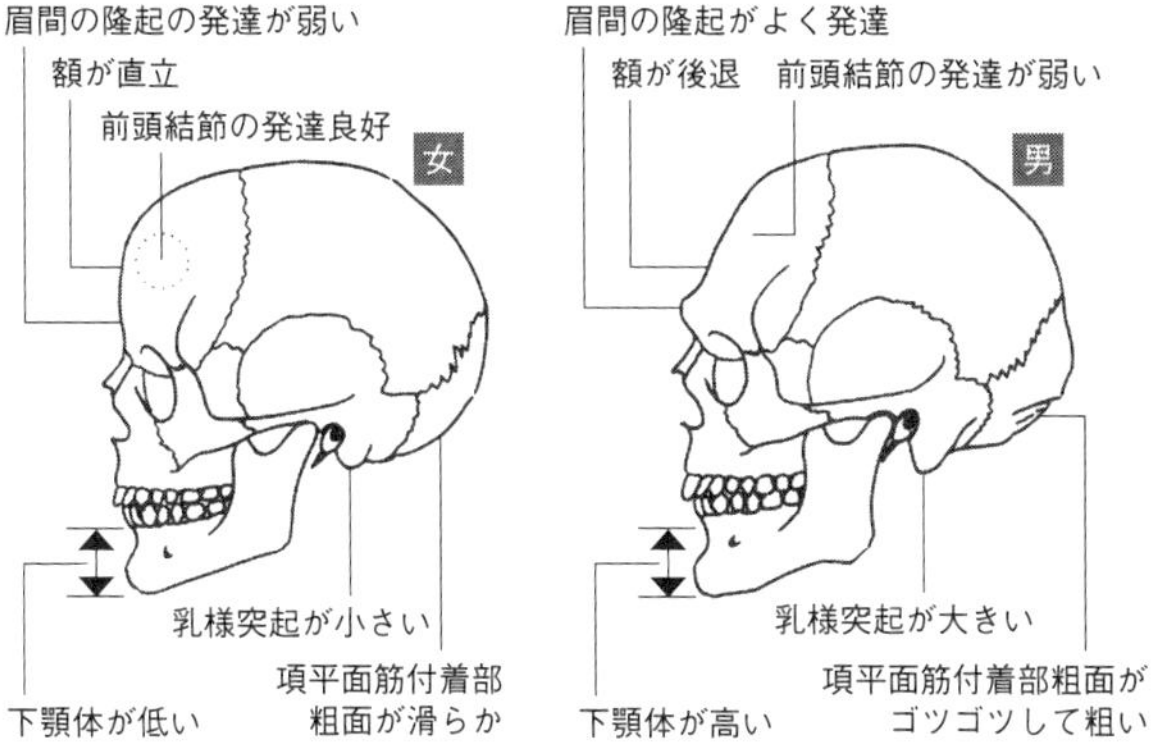

※溝口優司著『頭蓋の形態変異』(勉誠出版)より改変

うのです。これは、まだ成長途中でこれから骨が大きくなるために、しっかりとくっついていないからです。

4　南下したホモ・サピエンスは、どのようにしてオーストラリアに渡ったのか？

有袋類はなぜ「スンダランド」にいないのか

アフリカを出たホモ・サピエンス、私たちの祖先の一派はヨーロッパに到達し、そこで環境に適応していきましたが、後に日本人となる一派は、どのようなルートをたどったのでしょうか？　詳しいことはわかっていませんが、中東またはアラビア半島の南端からインド、インドシナ半島へと海岸線沿いに移動し、ユーラシアの南東部にたどり着いたところで、日本人の祖先のように北へ進む人々と、南へ進む人々に分かれたのではないかと考えられています。

南下した一派は、遅くとも４万年前までにはボルネオ島北中部（現在のマレーシアのサラワク州）に、３万年前までにはオーストラリア南東部に到達したようです。また、最近、フィリピンから６万７０００年前と推定されるホモ・サピエンスのものらしき足の骨の一部が発見されました。ホモ・サピエンスは、数万年前にインドシナ半島のさらに先、島嶼部にまでたどり着いていたわけですが、いったいどうやって海を渡ったのでしょうか？

おそらくは、氷期に海水面が下がって、マレー半島とスマトラ、ジャワ、ボルネオなどの島々がつながった「スンダランド」と、オーストラリアとニューギニア、タスマニアなどがつながった「サフールランド」という大きな陸地ができたときに、陸づたいに歩いて、あるいは近くなった島から島へ何らかの舟で渡ったのだろうと言われています。

しかし、この時期にもスンダランドとサフールランドの間には深い海峡があったため、かなり高度な航海術がなければ渡れなかったはずなのです。ウォーレス線という言葉をご存知の方もいると思いますが、19世紀の博物学者アルフレッド・ラッセル・ウォーレスが名付けたこの線（インドネシアのバリ島とロンボク島の間から、スラウェシ島の西を通り、フィリピンのミンダナオ島の南まで）を境に、スンダランド側とサフールランド側では、棲息する動物が大きく異なっています。

たとえば、サフールランド側にいるカンガルーやコアラなどの有袋類はスンダランド側にはいませんし、スンダランド側にいる有胎盤類（胎盤のある哺乳類）で、私たちの祖先が持ち込む前からサフールランド側にいたのは、空を飛べるコウモリや、流木に乗って漂流したのではないかと思われるネズミなど、ほんのわずかです。つまり、両大陸の間にある海峡は、動物にとって大きな障壁だったのです。

ホモ・サピエンスはなぜ、危険を冒して海峡を渡ったのか

スンダランドとサフールランドが陸続きにならなかった以上、オーストラリアに進出したホモ・サピエンス、すなわちオーストラリア先住民であるアボリジニの祖先と考えられる人々が、何らかの舟で海を渡ったのは間違いないでしょう。では、それはいったいどのような舟だったのでしょうか？　木や竹は化石として残らないため、ここから先は想像でしかありませんが、研究者の間では、竹で作られた筏《いかだ》だったのではないかという説が有力なようです。さらに、3万～2万年前（1万7000～1万5000年前との説も）に描かれたとされる、オーストラリア北西部のキンバリー地域

にあるブラッドショーの壁画には、カヌーに数人が乗り櫂《かい》で漕いでいる図柄があることから、このようにして渡ったのではないかと考える研究者もいます。

では、いったいなぜ、アボリジニの祖先たちは危険を冒して広く深い海峡を渡ったのでしょうか？　可能性として考えられるのは、まず、この海域は世界でも有数の多島海であることから、オーストラリアに至る海流に乗って自然に島から島へと流れ着き、いつの間にか海峡を渡っていた、ということです。あるいは、気候の変動や人口の増加によって食料が十分手に入らなくなり、新天地を求めて海を渡ったのかもしれません。

だとすれば、オーストラリアは危険を冒して海を渡った見返りを、十分与えてくれたはずです。人類の危険性を知らなかったために警戒心が薄く、簡単に狩れた大型動物を、アボリジニの祖先とされる人々が食べ尽くしてしまった、という説があるのです。彼らがオーストラリアに渡った時期と、オーストラリアの大型動物が絶滅した時期が相前後しているため、そのような説があるわけですが、これにはまだ異論も多くあります。

オーストラリアの先住民であるアボリジニの起源については、いろいろな考え方があります。オーストラリアで見つかった化石現生人類には、頭蓋の作りが頑丈で、眼窩上隆起とまではいかないものの眉のあたりが出っ張っているなど、ジャワ原人と共通するような特徴がある〝頑丈なタイプ〟と、そうではない〝華奢なタイプ〟とがあります。そのため、かつては、前者はジャワ島に住んでいたジャワ原人の子孫であり、後者は中国から移ってきた人類の血を引いた子孫だ、とする説がありました。これは、いわば多地域進化説の一つと考えられます。しかし、その後、華奢な頭蓋と言われたものの一部は実際には華奢ではないことや、推定年代にも修正すべきものがあることが判明したりして、今ではこの仮説は支持されていません。

さらに最近の遺伝子による研究で、オーストラリアのアボリジニや、ニューギニア、メラネシアの先住民などの中に、アジア人とは異なる、アフリカ人に近いmtDNA（ミトコンドリアDNA）とY染色体の遺伝子を持つ人々がいることがわかりました。このことは、ホモ・サピエンスのアフリカ単一起源説を裏付けるだけでなく、アフリカを出たホモ・サピエンスが、mtDNAとY染色体に変異がたくさん蓄積する前、すなわち比較的早い時期に、この地域に到達したことを示していると考えられます。

5 シベリアからアラスカへ、渡ったのは氷、それとも海？

一重瞼は北アジア人と東アジア人だけ

ユーラシアの南東部にたどり着いた私たちの祖先は、スンダランドから、南はオーストラリアへ、北はシベリアへと拡散していきました。この北へ向かった一派の中に、日本人の祖先もいたと考えられるわけですが、日本への拡散は第3章で述べることにして、先にシベリアへ、さらにアラスカへと向かった人々の足取りを見ていきましょう。

ユーラシアの東側を北上した私たちの祖先は、遅くとも3万5000年前頃までには中国の北京周辺に、2万年前頃までにはシベリアのバイカル湖周辺に到達していたようです。ホモ・サピエンスがシベリアに到達したこの時期は、氷期の中でも最も気温が低く、シベリアにはステップと呼ばれる冷たく乾燥した草原が広がっていました。

この草原に、マンモスやケサイ、トナカイなどの寒冷地適応した動物が棲息していたことは、皆さんご存知の通りですが、ここで私たちの祖先もまた、寒冷地適応をしたようです。ただし、その適応の仕方は、ヨーロッパ人とは多少異なっていました。

バイカル湖から約1000キロ西の、エニセイ川の川岸にあるアフォントヴァ・ガラ遺跡で見つかった、眉間の骨に鼻骨の一部が付いた約2万年前の化石には、鼻の付け根の隆起が低く平坦だという特徴がありました。つまり、2万年前までにはすでに現代の北アジア人に似た顔貌になっていたわけで、これは寒冷地適応の結果だと考えられています。

鼻は、先に述べた通り、寒く乾いた地域ほど、細く長くなる傾向があります。肺が故障しないように、鼻腔内を通る冷たく乾いた空気を温め、湿り気を与えるためで、バイカル湖付近に住むブリヤートや、北アジアに住むモンゴル人などの鼻も、細く長いのはヨーロッパ人と同様です。ところが、北アジアの人々はさらに、鼻の隆起が低く、頰骨が突出していて副鼻腔が大きいのです。そのため顔は平坦で、極端に言えば鼻が顔の真ん中に埋もれているようにさえ見えますが、鼻先が凍傷になりやすいことを思えば、これは非常に合理的な形態です。また、副鼻腔とは鼻腔に隣接した骨の中にある空洞で、鼻腔とつながっています。副鼻腔が大きくなることで、外気を溜めて温かく湿った状態にする機能を増していると考えられるのです。

もう一つ、私たち日本人も含む東アジア人と、北アジア人は、瞼《まぶた》が一重だという特徴があります。実は、瞼が一重なのは、現代人の中では北アジア人と東アジア人だけなのです。ついでにいえば、霊長類全般、チンパンジーもゴリラもニホンザルも、みんな二重瞼です。なぜ、北アジア人と東アジア人は一重瞼かというと、瞼に脂肪がついているからで、これは眼球が凍ってしまうのを防ぐためだと考えられています。暖かな地域では、瞼に脂肪がある必要がないわけです。

ちなみに、瞼に脂肪が付き襞のようになって目に被さった状態を、モンゴリアン・フォールド（蒙古襞）と呼びます。このような寒冷地適応した瞼がモンゴル人に典型的だからで、モンゴル出身力士などの顔を思い浮かべていただくと、北アジア人の顔の特徴がよくわかると思います。

ベーリング海峡の架け橋、ベリンジア

ユーラシアを北上した私たちの祖先は、さらなる新天地であるアメリカへと向かいます。出土した化石人骨の寒冷地適応の仕方がそれほど強くないことから、アメリカに渡ったのは、シベリアや北アジアに定着した人々とはまた別の一派だと考えられています。

彼らの行く手にはベーリング海峡が立ちふさがっていましたが、ベーリング海峡は浅く、氷期の中でも特に寒い時期には、「ベリンジア」と呼ばれる陸橋になっていたようです。ベリンジアは、7万5000～4万5000年前のある期間と、2万5000～1万4000年前頃までは確実にあり、1万4000年前頃とされる氷期の終わりとともに海水面が上がって完全に水没したと考えられています。最終氷期よりも前の氷期にも、ユーラシアとアメリカが陸続きになったことがあったと考えられていますが、旧人や原人がここを渡ってアメリカにたどり着いた形跡はありません。アメリカに最初に到達したのは、ホモ・サピエンスだったのです。

では、ホモ・サピエンスはいったいいつ、どのようにして、アメリカに渡ったので

しょうか？　出土した遺跡の推定年代などから、ホモ・サピエンスは1万2000年以上前までにベリンジアを通ってアメリカに到達した、とする説があったものの、かつてこの説は疑問視されていました。しかし近年、もっと古いと推定される遺跡が北アメリカからも南アメリカからも見つかり、ホモ・サピエンスが最初にアメリカに足を踏み入れたのは、1万2000年前どころか、3万年前、あるいはそれ以前かもしれない、という説も出てきました。

1万4500年前と推定されるホモ・サピエンスの居住跡が、チリ南部のモンテ・ヴェルデ遺跡から見つかったために、1万4500年前にこの地点にたどり着くには、遅くとも2万年前までにはベリンジアを渡ってアメリカに到達していなければ無理だ、という考え方があるのです。ただ、モンテ・ヴェルデ遺跡の1万4500年前という年代には異論も多く、まだこの年代が確実だと言うことはできません。

が、仮にモンテ・ヴェルデ遺跡の年代が正しいとして、果たしてホモ・サピエンスは、本当にそんなに前にベリンジアを渡れたのでしょうか？　ベリンジアは、草は生えていたものの、絶えず強風が吹き荒れる極寒の地だったようです。氷期が終結したとされる1万4000年前よりも後ならばともかく、最も寒かったとされる時期に、渡ることができたのでしょうか？　しかし、彼らがマンモスなどの動物を狩っていたのはほぼ確実であり、これらの動物はシベリアにも、ベリンジアにも、アメリカ北部にもいたことがわかっていますから、獲物を追ううちにベリンジアに入り込み、いつの間にか渡ってしまったというのは、十分に考えられることです。

とは言え、ベリンジアさえ渡れば、あとは楽に南下できたのかというと、もう一つ大きな問題がありました。当時アメリカ北部は、巨大な氷床に被われていたのです。1万4000年後にはロッキー山脈の東側に氷のない回廊が現れたらしいのですが、1万4000年前頃までは一面の氷だったのです。

そこで登場したのが、舟で沿岸部を南下したのではないか、とする説です。舟で移動したのであれば、短期間で南米大陸の南部にたどり着くことも可能でしょう。事実、カナダ西部のブリティッシュ・コロンビア州の、太平洋岸から100キロほど沖にあるクイーン・シャーロット諸島付近の海底からは、1万1500年前と推定される石器が見つかっています。もちろん当時は海水面が今よりも低かったため、陸との距離はもっとずっと近かったと考えられます。

また、最近、最初のアメリカ人はそんなに昔ではなく、約1万5000年前に北米の太平洋岸にやって来たのではないか、という説が出されました。これは、南北アメリカで見つかっている中では最も古いmtDNAの標本（南アラスカ沖のプリンス・オブ・ウェルズ島から出土した、1万3000年前の1本の歯から抽出されたmtDNA）と、現代アメリカ先住民3500人のmtDNAの比較から導かれたもので、この説を主張する研究者も海岸沿いの拡散ルートを考えています。確かに、舟を使えば、南アラスカから短期間でモンテ・ヴェルデまで行けたかもしれません。

しかし、まだまだ資料が乏しく、最初のアメリカ人の新大陸への到達年代や渡来ルートに関する問題は、決着がついているとは言えないのが現状です。彼らが北アメリカ北部の寒冷地から赤道直下の熱帯へ、そして寒冷な南アメリカ南部まで、ほとんどあらゆる気候帯の土地に拡散したことは事実ですが、その時期・ルートの解明についてはもう少し時間がかかりそうです。

6 最後の未開拓地、南太平洋の島々

熱帯の島で、寒冷地適応をした

私たちの祖先は、1万数千年前頃には、広大な南北アメリカにも拡散していました。しかし、多分、船の問題で、太平洋に散らばる島々にはまだ到達していませんでした。私たちの祖先が陸から遥かに遠い南太平洋の島々に最初に到達したのは、今から3000年ほど前であり、彼らは航海術に長けた東南アジアの多島海の人々だったと考えられています。

南太平洋は、ニューギニアからフィジーまでを含む「メラネシア」と、その北側でフィリピンの東に位置するグアムやパラオを含む「ミクロネシア」、そして残りの広大な海域、ハワイからタヒチ、イースター島、ニュージーランドまでを含む「ポリネシア」に分かれています。やはり、陸に近い海域ほど先に人が到達したらしく、説はいろいろありますが、メラネシアには3500〜3000年前、ミクロネシアには2

500～1500年前、ポリネシアには1700～800年ほど前から、人が住み始めたようです。ただし、ニューギニアにはもっと前、もしかすると3万年以上前から、人がいた証拠があります。

南太平洋への人類の拡散は、偶然の漂流の結果だろうという考えもありましたが、現在では、帆を張った大型のカヌーに食料や水、家畜などを積み、船団を組んでの組織的な移住であっただろうとされています。ポリネシアの島々などは特に、偶然流れ着くにはあまりにも遠く、私たち現代日本人にとっては、ハワイなど馴染み深い島も多いのですが、人類にとっては最後の未開拓地だったのです。

ここで、皆さんは、一つの矛盾に気づかないでしょうか？　ハワイ出身の力士を思い浮かべていただくとわかりやすいのですが、熱帯ポリネシアの人々は、暑い気候にもかかわらず、大柄で丸い体をしています。つまり、暑い地域に住む人々は小さい、または手足が長く細いという、ベルクマンの法則やアレンの法則に反しているのです。いったいなぜでしょうか？

これは、次の島にたどり着くまでに何日も要するような、長期間の航海を繰り返したことによると考えられています。海の上は陸上よりも気温が低く、水しぶきもかかりますし、風があるとさらに体感温度は低くなります。そのような環境に耐えられるように、熱帯であるにもかかわらず、寒冷地適応をしたらしいのです。実際にポリネシアの人々は、夜、ほとんど裸でも、水しぶきのかかる海岸で寝ることができるそうです。

遺伝子の変異が示す3つの拡散ルート

南太平洋のほとんどすべての島に人が住んでいる、もしくは足を踏み入れた形跡があり、かつ、その大部分に共通する言語と文化が存在したことに、18世紀の探検家ジェームズ・クックは驚愕したそうですが、私たちが今、そこに人が住んでいることに驚く場所のもう一つが、空気の薄い高山ではないでしょうか。空気が薄い、すなわち酸素の少ない場所では、私たちは頭痛や吐き気を伴う高山病にみまわれ、重篤な場合には死ぬ危険性さえあります。しかし、そのような地域にも、私たちの祖先は適応してきました。

たとえば、南米アンデス地方にも人々が暮らしていますが、彼らは非常に厚い胸板をしています。これは、低酸素の環境に適応して、肺が大きくなったためだと考えられています。あるいは最近の遺伝子研究によって、チベット高原に住む人々は、赤血球の生産量を調整する遺伝子が、ほかの地域に住む人々とは異なっていることが判明したそうです。酸素を運ぶ役目を担う赤血球をたくさん作れるように、遺伝子が変化しているのです。

赤血球の生産量を調整する遺伝子の変異は、過去3000年ほどの間にチベットの人々に広まったと推定されていますし、アンデスの人々の肺の大きさや、ポリネシアの人々の体形なども、その地域に人々が到達した時期を考慮すると、過去数千年間に起こった適応的変化でしょう。しかし、実は、このような短期間に形質、すなわち遺伝子に基づいた形態的・生理的な特徴が変化することは、稀であるらしいのです。

というのも、世界各地の約1000人を対象に行われた調査によって、遺伝子の変異が新たな環境によって上書きされることなく、人類が通ってきた大昔の拡散ルートに沿って分布している、つまり地理的な変異のパターンがあることがわかってきたのです。

その地理的な変異のパターンは大きく3つあり、まず1つ目が「出アフリカ」パターンです。これは、アフリカ人には少なく、非アフリカ人に高頻度で存在する変異で、私たちの祖先がアフリカを出た直後、中東にいた頃に出現したと考えられ、北方と東方へ至るルートに沿って高頻度に見られます。

2つ目が、「西ユーラシア」パターンです。この変異は、ヨーロッパ、中東、中央アジア、南アジアでは高頻度に存在するものの、ほかの地域ではそうではない遺伝子の変異です。ちなみに、「ユーラシア（Eurasia）」とは、ヨーロッパ（Europe）とアジア（Asia）を合成して作られた言葉です。

3つ目が、「東アジア」パターンです。この遺伝子の変異は、東アジア人に最も高頻度で存在し、アメリカ先住民、メラネシア人、パプア人にも普通に存在しています。

具体例を一つ挙げると、ヨーロッパでは弱い日光に適応して肌の色が白くなったという話がありましたが、その際に重要な働きをする遺伝子の一つに「SLC24A5」という遺伝子の変異体があります。この変異体は、パキスタンからフランスにかけての地域では高頻度に存在しますが、東アジアでは北部の日光が弱い地域でさえ、皆無なのです。つまり、この変異体は、西ユーラシア人の祖先と東アジア人の祖先が分離した後、西ユーラシア人だけに出現したものであり、東アジア人の白い肌の色は別の遺伝子による、ということを示唆しています。

人類、特にホモ・サピエンスは、体そのものの変化というよりは、道具を発達させることによって、さまざまな環境に適応してきました。言い換えれば、体が変化したのは、道具だけでは適応しきれなかった場合だということでしょう。そのため、ホモ・サピエンスになってからも過酷な環境では短期間で遺伝子が変化したケースがあるものの、多くの変異は体で環境に適応していた頃の名残であり、それをたどれば人類の移動ルートもわかる、というわけです。

今、地球上には77億人に上るヒトが棲息していますが、すべてのヒトの体には、アフリカから世界中へと拡散した祖先たちの旅の記憶が、刻み込まれているのです。

第3章　縄文から現代まで、日本人の旅

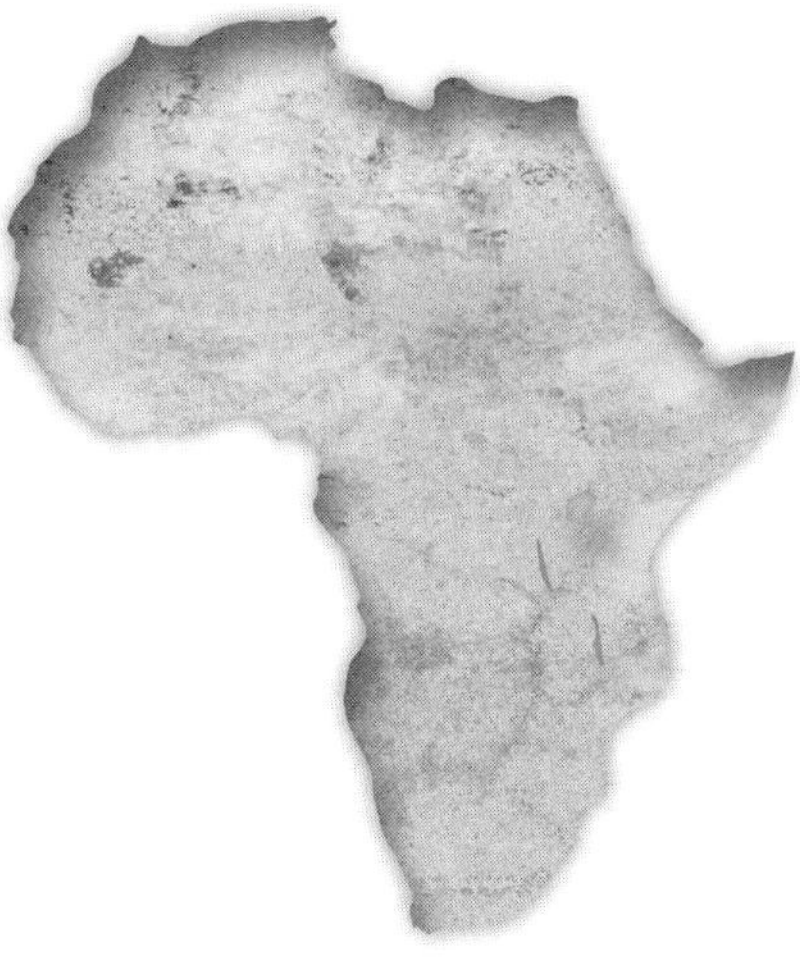

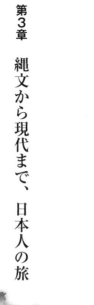

1 日本列島にホモ・サピエンスはいつ頃やってきたのか

日本に原人や旧人はいたのか？

さて、いよいよここからは、ユーラシアの東側にたどり着いた私たちの祖先が、いかにして日本人になったかを見ていきます。

まず、私たちの祖先であるホモ・サピエンスは、遅くとも4万年前頃までにはボルネオに、3万5000年前頃までには中国の北京周辺に到達していたと考えられるわけですが、日本列島にはいったいいつ頃やってきたのでしょうか？　いや、そもそもホモ・サピエンスより前、原人や旧人は日本列島にいなかったのでしょうか。

残念ながら、日本で見つかっている最古の化石人骨（沖縄の山下町第一洞穴人）は4万〜3万6000年前頃（3万2100年BP）と推定されるもので、それより前のものは見つかっていません。

ここでお断りしておきたいのは、これらの化石人骨の推定年代は、「炭素14年代法」

によって出た数値（ＢＰ）を、暦年代に置き換えた「較正年代」で、厳密なものではないということです。炭素14年代法とは、骨などに含まれる炭素化合物の中にごく微量に存在する、炭素の放射性同位元素・炭素14を利用した年代の算出法で、大気圏内の核実験による放射線の影響がまだあまり大きくない１９５０年を起点にしています。この算出法によって出た炭素14年代（ＢＰ）を暦年代に置き換える際には、過去の宇宙線の強度や地球の磁場の変動など、さまざまな自然現象を考慮しなければならず、地域や年代によっても微妙な差があるため、あくまでも〝だいたい〟の値しか出ないのです。したがって、本章に登場する化石人骨の年代は、すべて〝だいたい何年前〟であることを、頭に入れておいてください。

話が逸れましたが、日本は酸性の土壌が多く骨が残りにくいために、古い化石人骨が見つからないのです。ただ、中国では何カ所からも原人の化石が見つかっていますし、12万年前頃から（7万年前頃から、という考えもあります）始まったとされる最終氷期だけでなく、それ以前の氷期にも日本列島は大陸と陸続きになったことがあるようですから、日本に原人や旧人が来なかったと言い切ることもできません。事実、北海道からはマンモスなどの、そして北海道から九州までの全国100カ所以上の遺跡からはナウマン象などの、大陸から渡ってきたと考えられる動物の化石が出土しています。

現時点で古人骨の証拠から言えるのは、少なくとも4万年前頃までには、ホモ・サピエンスが日本に到達していただろうということです。遥かなアフリカから数万年の時をかけ、姿形を変えながら、ようやくホモ・サピエンスが、日本列島にたどり着いたのです。

日本で最古の化石人骨は、先ほど述べた通り、推定4万〜3万6000年前頃のもので、沖縄県那覇市山下町の第一洞穴で発見された6〜7歳ぐらいの子どもの大腿骨と脛骨です。本州で最古の化石人骨はというと、静岡県浜北市の石灰岩採石場の下層から発見された脛骨の断片で、今から約2万3000〜2万年前（約1万8000年BP）と推定されています。北海道ではぐっと若く、内浦湾の東岸、洞爺湖と室蘭の間に位置する北黄金貝塚や入江貝塚で出土した縄文時代前期（6000〜5000年前）のものと推定される古人骨が最古です。

ではホモ・サピエンスは、いったいどこから日本にやってきたのでしょうか？　象のように、氷期に陸続きになった大陸から渡ってきたのでしょうか。実は、日本は大陸と陸続きになったといっても、最終氷期にはごく一部しかつながっていなかったようです。北海道は大陸と陸続きになったものの、本州以南は大陸から離れたまま。津軽海峡は狭いながらも残り、海に氷の張る冬しか渡ることができなかったらしいのです。また、最終氷期よりも前の氷期には九州も大陸とつながったようですが、十数万年前のその頃は、ホモ・サピエンスがやっとアフリカで誕生したところです。ただし、ナウマン象などはその頃すでに日本にいたことがわかっていますから、人はともかく象は朝鮮半島から九州に至る陸橋を渡ってきた可能性が考えられます。

琉球諸島へは、4万～3万6000年前と推定される化石も出ていますので、日本列島の中でもかなり早い段階にホモ・サピエンスがやってきていた可能性があります。琉球諸島は約20万年前から1万8000年前までの間のかなりの期間、台湾を含む細長い陸橋で大陸と陸続きになっていたらしいので、東南アジアあるいは中国南部にいた人々がその陸橋を通って北上してきていたかもしれません。

日本における時代区分「縄文時代」

沖縄で見つかった古い化石人骨が、いったいどのような意味を持つものなのかを見る前に、日本における歴史的な時代区分を整理しておきましょう。新たな年代測定法が登場したことなどによって、皆さんが学校で習った年代とは異なっていることがあるからです。また、時代区分は、日本列島全体がすべて同じわけではありません。小さいとはいえ南北に長い日本列島では、地域独自の文化があり、さらに文化の伝播にも時差があるのです。

まず、日本における最初の時代と言うと、多くの人が思い浮かべるのが「縄文時代」ではないでしょうか。では、縄文時代とは、いつからいつまでを指すのでしょうか？

最近の説によれば、縄文時代は、今から1万6000年前頃に始まり、3000年前頃すなわち紀元前1000年頃まで、およそ1万3000年間にわたって続いたとされています。名称の由来は、縄を押し当てるなどして文様をつけた「縄文土器」で、土器の形式によって草創期（～1万2000年前）、早期（～7000年前）、前期（～5500年前）、中期（～4500年前）、後期（～3300年前）、晩期（～300

0年前）の6つに分けられています。

縄文時代の前、つまり日本人が土器を使い始める前は、旧石器時代であり、私たちの祖先は獲物を追って移動しながら暮らしていました。ナウマン象やオオツノジカなどの群れを追う、狩猟民だったのです。

ところが、氷期が終わって気温が上昇するにつれて、日本列島の植生が変わっていきました。針葉樹林帯が北へと後退し、代わりに落葉広葉樹林と照葉樹林が広がって、クリやクルミ、トチなどの木の実が手に入るようになったのです。また、海水面が上昇して海岸線が陸に入り込み、干潟ができたり良好な漁場が身近になったりして、貝や海藻、魚なども比較的容易に獲れるようになりました。その代わり、寒冷な気候に適応したナウマン象などの大型哺乳動物は絶滅し、手に入らなくなってしまいました。

このような環境の変化もあって、私たちの祖先は積極的に木の実や魚介類を利用するようになり、縄文草創期には半定住生活に、早期には定住生活に移ったとされています。住居は竪穴式で、石器は砥石で刃の部分を磨く磨製石器が主流の、新石器時代に移行します。定住し、集落を形成し、狩猟・採集・漁労を行っていたわけですが、では、農耕はどうでしょうか？

遺跡から出土した植物や花粉の分析などから、縄文時代に植物が栽培されていたのは、ほぼ確実だとされています。縄文時代前・中期に小規模ながら栽培されていたのは、ヒョウタンやリョクトウ、エゴマ、シソ、ゴボウなど、主食料の供給源とはならないような作物ですが、後期や晩期になると、焼畑によるイネ（陸稲とも水稲とも言えないような未分化の稲のようです）を含む雑穀類の栽培も行われていたようです。ただし、農耕が本格化したのは、次の弥生時代になってからです。

「弥生時代」から「古墳時代」へ

弥生時代は、今から約3000年前すなわち紀元前1000年頃から、紀元300年頃までの約1300年間を指します。明治時代、東京府本郷区向ヶ岡弥生町（現在の東京都文京区弥生2丁目）の貝塚で発見された土器にちなんで名付けられ、当初は弥生（式）土器が使われた時代と定義されていましたが、現在では水稲栽培（水田による稲の耕作）が本格化した時代とするのが一般的なようです。縄文時代にも、晩期には九州北部などで他に先駆けて水稲栽培が行われたようですが、あくまでも一部の地域に限られていました。

ただし、弥生時代に水稲栽培が本格化したといっても、それは九州から本州、四国にかけてで、沖縄と北海道で水稲栽培が行われるのは後世になってからです。なぜかというと、以下のような説があります。まず北海道では、寒冷な気候のため、もともと熱帯植物である稲の生育に適していなかったから。そして、沖縄では、狩猟採集生活を持続させることができるくらい十分な食料基盤、つまり、サンゴ礁の魚とおそらくは堅果類（殻の堅いクリなどの木の実）を供給できる環境が、農耕が突然始まる10世紀前後まで維持されていたためではないか、というのです。

その結果、北海道と沖縄では独自の非稲作文化が発達しました。北海道では縄文時代のあと、続縄文時代、擦文《さつもん》時代（一部ではオホーツク文化期）、近世アイヌ時代と続いて、明治時代に至ります。沖縄では、本土の縄文時代から平安時代に相当する時代を貝塚時代と呼びますが、その早い時期から本土の縄文土器が、そして後期には弥生系の土器が伝わっていました。しかし、本土の縄文文化とは生業の特色などがかなり異なる文化が存在していたと考えられています。貝塚時代の後は、グスク時代（本土のほぼ鎌倉・室町時代）、首里時代（本土のほぼ江戸時代）、そして明治時代と続きます。

さて、本土の弥生時代そのものにも、地理的なばらつきがあります。弥生時代の開始、すなわち水稲栽培が始まった時期にも差があり、弥生文化の浸透度にも差があるのです。水稲栽培は、紀元前1000年頃に九州北部で始まり、近畿地方に広まるまでに300～400年、関東南部に広まるまでには700～800年を要したとされています。そして、それから東北地方や中部地方の高地にまで広まっていくのです。

弥生時代には、道具もまた飛躍的に進化します。大陸から青銅器や鉄器が伝えられて、やがて国内で作られるようになっていきます。社会的には、水稲栽培をはじめとする農耕が本格化したことによって、余剰作物を備蓄することができるようになり、貧富の差、地位の上下などが生じました。耕作には多くの人手が必要なことから集落は大規模化し、水利権などを巡って争いも増え、やがて各地に小さなクニ（いわば政治的な地域集団）が生まれます。さらに、これらの小さなクニの中から有力なクニが生まれ、周囲のクニを従えていきます。その一つが有名な邪馬台国であり、卑弥呼が中国の魏に朝貢して「親魏倭王」の金印を授けられたのは、弥生時代末期の3世紀前半とされています。

邪馬台国が大和朝廷になったのかどうかは議論のあるところですが、王を頂点とする貧富の差や地位の上下は墓にも及び、有力者は大きな墳墓を作るようになって、時代は古墳時代へと突入します。

なお、古墳時代とは、歴史学では、主に前方後円墳など、墳丘のある古墳が作られた時期を指す時代区分で、3世紀半ばから7世紀末頃までの400年間余りとするのが一般的です。しかし、人類学で古墳時代といった場合は、3世紀半ばから12世紀末頃までを指します。というのも、丘陵や台地の周辺部に作られた、庶民の墓とみられる横穴墓（あるいは横穴古墳）の時代も含めて古墳時代と言うことが多く、その横穴墓は鎌倉時代の初め頃まで存続するからです。したがって、本書も含めて、人類学で古墳時代人といった場合には、3世紀半ばから12世紀末頃までの人たちを指します。

2 最初に日本に来たホモ・サピエンスが、縄文人になったのか？

沖縄で見つかった「港川人」とは何者か

駆け足で日本の歴史を見てきましたが、歴史学・考古学的な側面から日本人の起源を探るのはほかにお任せするとして、話をもとに戻しましょう。沖縄で見つかった古い化石人骨が、どのような意味を持つかについてです。

まず、那覇市山下町の第一洞穴で発見された、4万～3万6000年前頃と推定される化石人骨ですが、先に述べた通り、これは6～7歳ぐらいの子どもだと考えられています。ただし、出土しているのは大腿骨の上3分の2と、脛骨の上3分の2にあたる部分のみであり、この骨の系統を特定することはできていません。しかし、最近の研究によれば、ほとんどの計測項目で縄文人と大きな違いがないので、少なくともホモ・サピエンスであるとして矛盾はない、と考えられています。

沖縄本島よりもっと南の宮古島の豊原《とよばる》ビンザアブ（山羊洞）からも、約3万4000

0～2万9000年前（2万6800～2万5800年BP）と推定される頭蓋骨片や歯などが見つかっています。さらにほかにも1万年前よりも古い時代、地質年代でいうところの「更新世」の化石人骨が若干は見つかっていますが、この後で述べる「港川人《みなとがわじん》」を除けば、いずれも断片的で、縄文人などとのつながりをはっきりさせることはできていません。では、港川人とは、いったいどのような人々なのでしょうか？

港川人の化石は、沖縄本島南部、具志頭《ぐしかみ》村（現在の八重瀬町）港川採石場の石灰岩フィッシャー（割れ目）から見つかりました。年代は約2万3000～1万8000年前（1万8250～1万6600年BP）と推定されています。化石はほぼ完全なものから断片的なものまでを含めると最低5個体、最高9個体で、これらをひとまとめにして、地名にちなんで港川人と呼んでいます。これほど古いものでは非常に貴重な、ほぼ完全な頭蓋を残す男性（港川Ⅰ号）が含まれていたこともあって、1968～1974年にかけての発掘以来、その頭蓋を中心に多くの研究がなされてきました。

港川Ⅰ号は、額が狭く、頬骨が横に張り出し、鼻の根元が深く窪んで、幅広の彫りの深い顔立ちをしています。顔のわかる化石がこれ一つしかないので、港川人がみんなそうだと言うことはできませんが、これらの特徴は縄文人と共通している、と当初は考えられました。身長は、1体の男性が153センチ程度、女性3体の平均が152センチ程度ですが、もとになる個体数が少ないので、港川人は一般に縄文人（縄文中・後・晩期人男性の平均は約158センチ、女性は約149センチ）よりも小さかったとか、大きかったとは、今の段階では言えません。

主に頭蓋の計測値を使った最初の研究では、港川人は、中国北部の周口店上洞から発見された化石人骨「上洞人」（約4万2000～1万1000年前）よりも、はるかに縄文人や中国南部の柳江から出土した更新世の化石人骨「柳江人」（6万7000年以上前の男性とされていますが、年代・性別ともに疑問視する見方もあります）に似ていることから、柳江人などと深い関係を持つ南中国やインドシナ北部の更新世人類が陸橋を渡って沖縄や本州にやってきて、港川人や後述する静岡県の浜北人などになったのではないかと考えられました。ちなみに、「更新世」とは地質時代区分の一つで、約175万～1万年前とされています。

しかしその後、頭蓋の形態を比較した研究から、港川人は、周口店上洞人や柳江人よりも、縄文人やインドネシアのジャワ島のワジャクから出土した「ワジャク人」（1万〜5000年前頃）にもっと似ている、という報告がなされました。ただし、比較資料が少ないので、短絡的に、港川人は東南アジアからやってきた、というふうには結論づけられていません。

また、縄文人は前腕や脛、すなわち腕や脚の体から遠い部分が、近い部分である上腕や大腿に比べて相対的に長いのに対して港川人は短いなど、大きく異なる点がいくつかあることも指摘されましたし、港川人が貝塚人（本土の縄文〜平安時代に相当する時代の沖縄の人々）になったか否かは不明、という見解も示されました。

港川人の故郷はどこか？

そのような状況の中、最近、港川Ｉ号の下顎骨が実際以上に幅広く復元されていたことが判明し、コンピュータ上で修整するという試みがなされました。その結果できた画像は、以前のものとは受ける印象がまったく違う、という驚くべきものでした。従来の顔は、まるで獅子頭のように下顎の大きい、非常にごつい印象であったのが、下顎のほっそりとした、スマートな印象になったのです。つまり、縄文人に似た幅広の顔が、縄文人とは似ていない顔になったのです。

この修復がなされた港川Ⅰ号とそれ以外の港川人の下顎骨も含めた分析によれば、港川人の下顎骨には男女ともに縄文人とは異なる特徴がいくつもあり、その起源は縄文人とは別に探る必要がある、そして、現代人であれば東北アジアや東南アジアの人々よりもオーストラリア先住民（アボリジニ）やニューギニアの人々などと近い、という指摘がなされています。

東南アジアの人々については、私たちの祖先がアフリカを出た後、ユーラシアの南岸沿いにやってきて住み着き、そのまま現在に至った、というわけではなさそうです。おそらくは、アジア大陸を一旦北上した人々が、寒冷地適応をし、農耕技術を身につけた後再び南下してきて、もとからいた人々と混血し、東南アジアの現代人になったと考えられるのです。つまり、現代の東南アジア人ともともと東南アジアにいた人々は少し異なる集団であり、もともと東南アジアにいた人々は、北上して寒冷地適応する前の、スンダランドにいた人々であった可能性があります。

港川人と中国南部や東南アジアの人々、あるいはアボリジニやニューギニア人などとの関係は、厳密にはそれぞれの地域の同じ時期の人骨を比較しなければわかりません。前歯の形態がよく似ているからといっても北京原人が現代中国人の直接の祖先ではないとされているように、約2万年前の港川人と現代のアボリジニが似ていても、それだけでは、どのようなつながりがあるかはわからないのです。系統の違う人が、環境への適応によって、偶然同じような形態になることもあるからです。

3 縄文人は、いつ、どこから日本列島にやってきたのか

縄文人とは、どのような人々だったのか

港川人が縄文人の祖先なのか、そうでないのかについては、さまざまな議論があり、結論は出ていません。港川人と同程度の古さと推定される化石人骨としては、冒頭でも紹介した静岡県浜北市の石灰岩採石場の下層から発見されたもの（較正年代で2万3000〜2万年前ぐらい）や、同じ石灰岩採石場の上層から発見されたもの（1万

8000~1万6000年前ぐらい)、港川人が見つかった港川採石場の上部の地層から発見された上部港川人(1万年以上前)などがありますが、いずれも系統がどうつながるのかは、わかっていません。

また、ごく最近発表された論文によれば、フッ素・ストロンチウム・バリウム濃度に基づく相対年代推定法から、港川人のⅣ号と、おそらくⅡ号も、上部港川人と同年代であることが明らかになったそうです。つまり、一様に古い(約2万3000~1万8000年前ぐらい)とされていた港川人が、年代的には一様に古いグループではなく、新しい個体も混在していたことが明らかにされたわけです。したがって今後、形態学の面からも、時代の違うものは別々に分けて再検討しなければならない、ということです。

いずれにせよ今の段階では、港川人が、4万年前までに日本列島にやってきた旧石器時代人の子孫であり、のちに縄文人になったのか、4万年前までにやってきた人々の子孫ではあっても縄文人にならずに滅びたのか、それとは別にやってきた系統の違う人々なのかは、謎のままなのです。

では、縄文人はどうでしょうか。港川人との関係は置いておくとして、縄文人はいつ、どこからやってきたのでしょうか？

まず、いつ来たかですが、縄文時代は約1万6000年前に始まったわけですから、縄文人はそれ以前に日本列島にやってきた旧石器時代人の子孫が主体をなしていた、ということはほぼ間違いないでしょう。ただし、地域や時期によって形質にやや違いがあることから、日本列島にやってきたのは一度ではなく、何度かにわたって別々の地域からやってきたのではないか、とする説もあります。

しかし、縄文人の祖先がすべて同じ系統の人たちであったにしろ、そうでなかったにしろ、縄文時代も後半になると縄文人の形質はかなり均一化され、〝縄文人らしさ〟とされる特徴がはっきりします。中期以降になると出土した化石人骨の数も増え、縄文人の特徴をつかむことができるのです。そこで、彼らの起源の謎を探る前に、縄文人とはどのような姿形をした人々だったのかを、中・後・晩期の縄文人を中心に見ておきましょう。

港川人のところでも触れましたが、縄文人は身長が低く小柄で、縄文中・後・晩期人男性の平均は約１５８センチ、女性は約１４９センチと推定されています。早・前期の縄文人は後・晩期の縄文人よりも華奢だったという報告もありますが、早・前期の人骨標本が少ないため、その全体像はまだはっきりしていません。

しかし、２０１０年、富山市小竹貝塚から比較的保存状態のよい縄文前期の人骨が一度に、最も少なく見積もって91体分も発見されました。それまでに発見されていた標本も含めると小竹貝塚からの出土個体数は１００体にもなります。これでかなり研究が前進するかと期待されたのですが、実際には分析に耐えうるような完全な個体が少なかったため、依然としてはっきりしたことは言えません。小竹貝塚人の四肢の骨は、縄文時代中・後・晩期人に比べて、明らかに細かったのですが、身長は中・後・晩期人と同程度でした。しかし、他地域でも同様の傾向があるか否かは、やはり今後の資料の増加を待たなければわかりません。

とは言え、現在も標本が少しずつではありますが蓄積されつつありますので、縄文時代前半の実像もこれから徐々に明らかになるだろうことは間違いありません。

いずれにせよ、後・晩期の縄文人は筋肉が発達した、がっしりした体形だったようです。筋肉は化石として残らないのに、なぜそのようなことがわかるかというと、筋肉が付着する部分の骨の断面が独特の形をしているからです。たとえば縄文人の大腿骨の横断面は、大きく強靭な太ももの筋肉が付着するため、付着部が出っ張って、円を後ろに引き延ばしたイチジクのような形になっています（図13、14）。それに対して現代人の大腿骨は、ほぼ円形に近いのです。

四肢の長さは、身長が低いので、絶対的な長さでいえば長くはありません。ところが、腕では二の腕よりも前腕が、脚では大腿よりも脛が相対的に長いという、オーストラリア先住民や北アフリカ人などと同じ特徴があります。言い換えればこれは、四肢の遠位（体から遠い方）の骨の近位（体に近い方）の骨に対する比率がより大きいということで、寒冷地適応していない証拠と言われています。第2章で述べたように、寒冷地適応では体の出っ張りが少なくなる傾向があり、四肢では体から遠い方が短くなるのです。

頭と顔の特徴としては、まず、頭が大きかったようです。頭は前後の長さも左右の幅も大きく、顔は幅広で上下の長さが短く、四角い印象です。眼窩上隆起というほど

図13　縄文人と弥生人の違い（大腿骨）

縄文時代人男性（左）と渡来系弥生時代人男性（右）の左大腿骨の背面。弥生時代人の方が長いが、背面の筋肉のつく出っ張りは弱い（国立科学博物館2005年特別展「縄文vs弥生」展図録より改変）

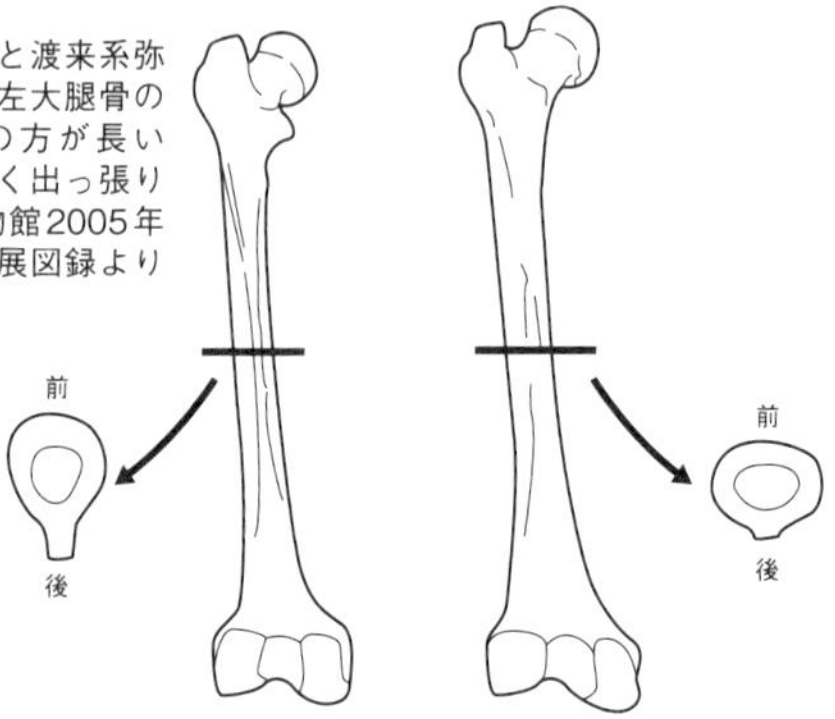

図14　縄文人と弥生人の違い（脛骨）

縄文時代人男性（左）と渡来系弥生時代人男性（右）の左脛骨の背面。縄文時代人の方が、背面の2種類の筋肉の境界にあたる稜の発達がよい（国立科学博物館2005年特別展「縄文vs弥生」展図録より改変）

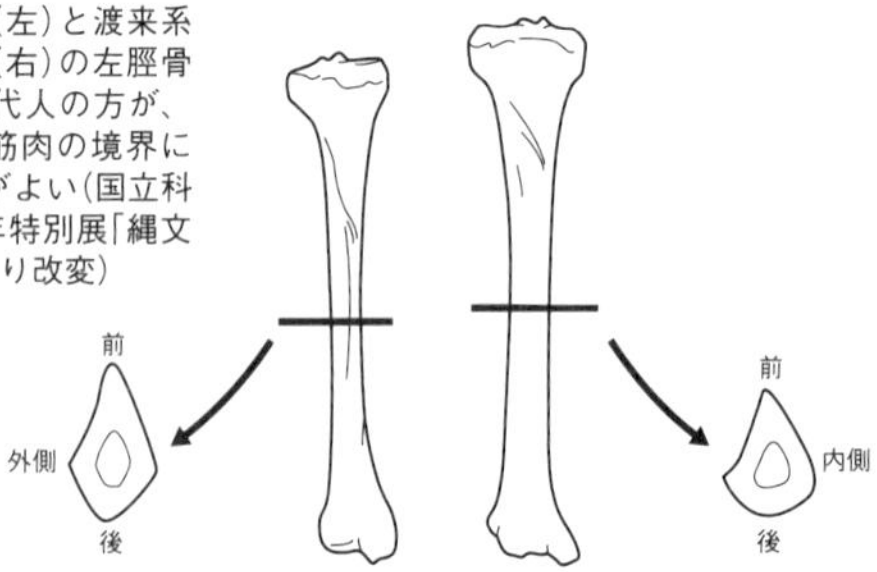

ではありませんが、眉のあたりが発達し、鼻の付け根が窪んだ、彫りの深い顔立ちをしていました。歯は小さく、切歯はいわゆる「シャベル型切歯」（裏側が深く窪む切歯）ではない、という特徴があります。ただし、歯のすり減り方は激しく、おそらく皮を歯でなめすというような作業を行っていたのではないかと考えられています。

縄文人は、源氏物語絵巻に出てくるような〝引目鉤鼻〟の風貌や、日本人の特徴とされる胴長短足（正確に言えば、短脚）の体形とは、だいぶ異なっていたのです。では、このような姿形をした縄文人は、いったいどこから日本にやってきたのでしょうか。次項では、縄文人の故郷はどこなのか、起源の謎を探ります。

縄文人は、誰に似ているのか

ところで、縄文人の故郷はどこなのか、縄文人の起源を探るといったとき、皆さんなら、いったいどのような方法を採るでしょうか？　第2章で見たような、DNAを解析するという方法もあります。あるいは、人類学の草創期から採られてきた、骨や歯の形や大きさが似ているかどうか、すなわち形態を比べる方法もあります。そのほかに、過去には、血液型や血清タンパクの型を比べる方法や、珍しいところでは、ウイルスや、ネズミ・犬など、人とともに移動する生物を指標にして調べる方法などもありました。

今、広く行われているのは、ＤＮＡと形態の比較ですが、私が専門とするのは形態学的形質の比較です。とはいっても、頭蓋や歯を目で見て「これとこれは似ているなあ」などとやるわけではありません。たとえば頭蓋の最大長や最大幅などの、数値化されたデータを元にして、統計学的な方法を用いて、どれだけ似ているかを計算するのです。その際に大事なことは、元データとなる平均値などの数値が信頼できるものであること、すなわち、多数の個体に基づいていること、1個体あたりの比較項目の多さ、項目間の重複情報を除去すること、などです。

どういうことかというと、頭蓋の形を比べるときには、幅だけでなく長さも測った方が特徴がはっきりしますし、鼻の長さや幅も測れば、もっと特徴がよくわかります。さらに多くの項目を測れば、さらによく特徴がわかります。また、たった1人のデータでは、それがその集団の特徴なのか、その人だけの特徴なのかがわかりませんが、

10人のデータを集めればある程度の傾向がわかりますし、100人のデータを集めれば、もっとはっきりと傾向がわかります。

しかし、古人骨は出土している数そのものが少なく、ある地域のある時期には1体しか出土していないとか、2、3体分の断片しかない、といったことが往々にしてあります。ですので、たとえ1個でもほぼ完全な頭蓋が出土したりすれば、それはとても珍しく喜ばしいことなのです。

つまり、古人骨からデータを取る場合には、たとえ1体でも、それをその地域のその時代の標準的な人と考えざるを得ない、という事態にしばしば遭遇するわけで、これを何とか活かしたい。しかし、1体では、それをもとに出した結果の信頼性が低くなってしまいます。たとえば、遠い未来に、バレーボールの日本代表選手の骨が1体だけ見つかり、それがこの時代の日本人の標準的な体形だと考えられたら、そこから引き出される結論は、間違ってしまうでしょう。そこで、利用できる個体数が少ない場合に、その個体と、比較対象である集団の平均値との差に、意味があるのかどうかを検証する「有意性検定」法が工夫されました。その工夫された検定法の一つに、「典型性確率」と呼ばれる、確率を使ってどれくらい似ているかを見る方法があります。

縄文人の起源を探るために私は、縄文人の故郷と目されるいくつかの地域から発掘された、縄文時代に先行する時代の化石人骨を選び、その頭蓋の計測データを用いて、彼らがどれだけ縄文人に似ているかの典型性確率を推定することにしました。以下は、東北地方の縄文時代後・晩期（今からおよそ4500〜3000年前）の集団に、どの個体が最も近いかを、頭蓋（下顎を除く）の最大長や最大幅をはじめとする13個の計測項目を用いて比較した結果です。もちろん、すべての項目間の重複情報は除去されています。

結果は、驚くべきものでした。縄文後・晩期人集団に最も近かったのは、なんと、オーストラリア南東部、メルボルン近郊のキーローから見つかった化石人骨だったのです。この化石は1万2000年前頃と推定されるもので、縄文時代早期に相当します。典型性確率でいうと、縄文人と86パーセントの一致という結果でした。

その次に近かったのは、埼玉県秩父郡の妙音寺洞穴から見つかった1万〜8000年前頃（縄文早期）と推定される個体で、典型性確率は85パーセントの一致。キーローと1パーセント違いです。その次が、岡山県倉敷市の羽島貝塚から見つかった7000～5500年前頃（縄文前期）と推定される個体で、典型性確率は63パーセントです。

では、下顎骨の分析で縄文人とはかなり異なるとされた、港川人はどうでしょうか？港川人は、典型性確率でいうと40パーセント。まあまあ似ているといった程度です。当初から港川人と類似しているとされていた中国南部の柳江から出た、6万7000年以上前のものかもしれない化石人骨はどうかというと、34パーセント。その後、形態観察によって、柳江人よりも港川人が似ているとされた、推定1万～5000年前頃（縄文時代前半）のジャワ島のワジャク人は、わずか6パーセントという結果でした。

妙音寺洞穴と羽島貝塚の2つは、同じ日本の縄文時代ですから、後・晩期縄文人の集団に似ていても、不思議はありません。やはり驚くべきは、距離的に最も遠いキーローから出土した人骨が、最も縄文人に近かったということでしょう。

縄文人は、どこからやってきたのか

縄文人の起源については、もちろんDNAの解析からもいくつかの説が提唱されています。たとえば、ｍｔＤＮＡの解析から、一部の縄文人はロシアの沿海州から樺太と北海道を通り、本州に入ってきたのではないか、という説があります。ただしこれは、縄文時代の北海道人と、現在の沿海州住人のＤＮＡを比較したところ、近いのがわかったということです。沿海州では化石人骨そのものが見つかっていませんから仕方ないのですが、本来ならば過去の同時期の北海道と沿海州、現代の北海道と沿海州でＤＮＡを比較しないと、正確なことは言えないでしょう。

ちなみに、最近、古人骨のｍｔＤＮＡのみならず、核ＤＮＡの分析技術も進み、面白い知見が報告されるようになりました。たとえば、北海道の縄文時代人２個体の核ＤＮＡ分析によって、高脂肪の食べ物を代謝する際に有利に働く遺伝子の突然変異体が発見されました。報告者は、その突然変異体と、陸棲・海棲の動物や魚をとっていた縄文時代人のライフ・スタイルとの関係を論じています。化石人骨発見例の地域的多寡の問題がこれで解決されるわけではありませんが、核ＤＮＡの分析は、近い将来、集団間の近縁関係や移住経路の解明に大きな力を発揮すると思われます。

さて、それでは縄文人が北方からやってきた可能性をみるという意味で、中国東北部の化石人骨の典型性確率を出すと、どうでしょうか？　北京の周口店で見つかった上洞人101号という化石人骨（約4万2000～1万1000年前）の典型性確率を、先に記したのと同じ方法で出すと、24パーセント。中国南部の柳江よりも可能性は低く、ジャワ島のワジャクよりも高いという結果でした。可能性がなくはないが、はっきりとはわからない、といったところでしょうか。また、仮に彼らの子孫が日本列島に渡来したとしても、そのルートが北回りだったか、南回りだったかは、これだけではわかりません。このあたりの問題の解決は、すべて今後の沿海州付近からの人骨化石発見にかかっています。

ところで、実は、13個もの頭蓋の計測項目を用いて典型性確率を見るのは非常に難しいことで、もっと多くの地域、あるいはもっと多くの個体を比較してみたいのですが、これがなかなかできないのです。というのも、古人骨は完全な形で出土する方が稀で、大多数は断片的な骨であり、頭蓋が出土しても、多くの計測項目をきちんと測れるものはほとんどないといってもよいほどだからです。比較する項目を多くすればするほど、比較できる化石人骨は少なくなってしまうのです。

そこで、7個の計測項目による典型性確率も出しましたが、その結果は、縄文後・晩期の集団に最も似ていたのが妙音寺の60パーセント、次が港川人と羽島の58パーセント、そしてキーローの53パーセントなどとなっています。これをみると、港川とキーローは日本国内の早・前期縄文時代人とほぼ同程度に後・晩期縄文人に近く、港川人も縄文人の祖先候補から外れるものではない、と言えるのかもしれません。ただし、信頼性の高さという点では、やはり13個の計測項目による結果には及ばないと言わざるを得ません。

これらの結果を踏まえて、縄文人の故郷はどこか、彼らはいったいどこからやってきたのかの仮説をあえて立てると、私としては、おそらく以下のようであろうと考えます。

まず、縄文人の祖先は、オーストラリア先住民（アボリジニ）などの祖先と同様、氷期にはスンダランドにいた人々でしょう。スンダランドにいた人々は、やがて南と北に向かって拡散していき、4万〜3万年前頃までには、南に位置するオーストラリアと北に位置する日本列島とに、それぞれ彼らの子孫がたどり着いたのです。そのため、縄文時代の頃には、遠く離れたオーストラリアと日本に、姿形のよく似た人々が住んでいたのではないでしょうか。つまり、縄文人はスンダランドから、おそらく大陸を海岸沿いに北上・東進し、ついには西日本に到達しただろうと、想像します。そして、中国南部の柳江人や沖縄の港川人は必ずしも縄文人の直接の祖先ではなかったかもしれませんが、その北上・東進した人々と極めて近い関係にあったに違いない、と思っています。

ところで、2007年、石垣島の白保竿根田原洞穴遺跡から旧石器時代の人骨が発見されました。それ以来、新しい時代のものも含む人骨破片が1000点以上も発見されているのですが、2018年、港川人よりも古い、約2万8000~2万7000年前のものとされる男性頭蓋（白保4号）の計測データが発表されました。発表者の分析によれば、白保4号は、日本列島の旧石器時代人や縄文時代人、中国南部やベトナムなどの先史時代人にも近い、とのことです。もし、これが正しいとすれば、右に述べた考えとも矛盾しないものです。

アイヌと琉球人は縄文人の末裔か？

縄文人が、中国やジャワ島ではなく、もっと遠くのオーストラリアのキーローで見つかった化石人骨に最も似ていたというのは驚きですが、実は、縄文人の特徴を色濃く残すと言われるアイヌは、今から50～60年前、一部のオーストラリア先住民（アボリジニ）に似ていると言われていました。しかし、その10年ほど後の頭蓋形態の研究によって、アイヌ・縄文人グループとオーストラリア先住民の類似の程度は、ちょうどアイヌ・縄文人グループと現代日本人の類似の程度と同じくらいであり、昔言われていたほどには似てはいないことが確認されました。

この時、オーストラリア先住民とアイヌは共に、アジアのまだ分化する前の共通人類集団から派生し、その後、異なった道を歩んだために多様化した、と解釈されました。当時、アジアの共通祖先集団に属すると考えられていたのは、後期更新世（約13万年～1万年前頃）のワジャク人や上洞人、柳江人、ニア洞穴人（約5万3000～4万4000年前のボルネオ島の化石人骨）に代表されるような、化石現生人類です。ただし、この分析では古い化石は扱われていませんでした。

今回の試行的な典型性確率を使った古人骨の分析では、逆にアイヌやアボリジニなど、現代人のデータを使っていないので、はっきりしたことは言えませんが、縄文時代の頃の日本とオーストラリアの住民の間の類似性は、現代よりももっと強かったのかもしれません。今後もっと詳細な分析を行って、確かめたいと思っています。

ところで、アイヌの話が出てきましたので、その形質について少し書いておきたいと思います。後ほど詳しく述べますが、歯を調べると、アイヌの歯は全体的に小さく、形態にはニューギニア人やヨーロッパ人的なところもありますが、「スンダドンティ（スンダ型歯形質）」と呼ばれる縄文人と同様の特徴も残っていると言われています。これは東南アジア人、ポリネシア人、ミクロネシア人などによく見られる特徴で、現代アイヌは本土日本人とかなり混血していますが、それでもまだ歯にはそのような南方起源の特徴が見られる、という主張があるわけです。

では、琉球人はどうでしょうか？　琉球人は、比較的最近まで、アイヌと似ているといわれ、やはり縄文人の特徴を色濃く残していると考えられてきました。いわゆる「琉球・アイヌ同系説」です。歯に関する調査でもそれを裏付けるように、アイヌと同程度に歯が小さく、本土日本人よりもアイヌに近い特徴を持つという結果が出されています。さらに、血液型に関する遺伝子の頻度やｍｔＤＮＡの分析などからも、琉球人とアイヌは非常に似ているという結果が出されています。

ところが、20年ほど前、頭蓋の、数値化しにくい形の特徴22項目（神経が通る孔や縫合部などの形）に関する調査で、沖縄・奄美に住む現代人は、アイヌ・縄文人のグループよりも、本土日本人や北中国人、西日本弥生時代人などを含むグループに似ているという結果が出されました。つまり、この結果によれば、琉球人はアイヌと同系統ではないということになります。同様の結果は、その後、頭蓋のたくさんの計測値を使った分析からも出されています。

結局、現状では、琉球人はアイヌよりも本土日本人に近いという考え方が主流になりつつあるものの、もっと詳細に調査・検討しなければ結論は出せない、というところでしょう。いずれにせよ言えることは、私たちの体は、遠くアフリカからやってきたホモ・サピエンスの形質に加えて、スンダランドで新しく生じた形質や、その後北上してから得た形質など、さまざまな形質が入り交じり、形作られているということです。

4 背が高く、顔の長い弥生人

縄文人と弥生人の間には大きなギャップがある

日本人の起源を探り、縄文人は南方のスンダランドあたりからやってきた人々の子孫であろう、というところまでたどり着きました。その縄文人が弥生人になり、古墳時代人になり、現代日本人になった、のであれば私たちの旅も終わりですが、どうやら事はそう簡単にはいかないようです。縄文人と弥生人は、かなり特徴が異なることをご存知の方も多いと思いますが、実際、彼らの間には非常に大きなギャップがあります。

たとえば、縄文人には、前腕や脛が相対的に長いという特徴がありました。それに対して弥生人は、前腕や脛が相対的に短いのです。これは弥生人の祖先が寒冷地適応していたからだろう、と考えられています。身長だけをみれば、小柄な縄文人に対して弥生人は大柄です。縄文中・後・晩期人が男性で平均約158センチ、女性で14

9センチだったのに対して、弥生人は男性が平均163センチ前後、女性が151センチ前後となっています。つまり、四肢の骨の体から遠い方と近い方の比率においても、身長でも、縄文人と弥生人には著しい違いがあったと言えるわけです。

ただし、弥生文化と考えられる考古学的な遺物を伴った人骨の出土例は、地理的なばらつきが大きく、東日本では非常に少ないけれど西日本には多い、という傾向があります。同じ時期、北海道と沖縄には独自の文化を持つアイヌと琉球人がいたことはすでに述べた通りです。したがって、特に注釈なく弥生人といった場合には、西日本の弥生人を指していると考えてください。

なお、弥生時代は、早期（紀元前1000～紀元前800年頃）、前期（～紀元前400年頃）、中期（～紀元0年頃）、後期（～紀元後300年頃）の4つに区分されています。弥生時代の開始時期は、従来は紀元前300年頃あるいは紀元前400年頃とされていましたので、そう覚えている方も多いと思います。ところが近年、精度の上がった炭素14年代法を使って、国立歴史民俗博物館の研究グループが遺跡から出土した遺物を調査し直したところ、弥生時代の開始時期は紀元前1000年頃とされ

図15　縄文人と弥生人の違い(頭蓋)

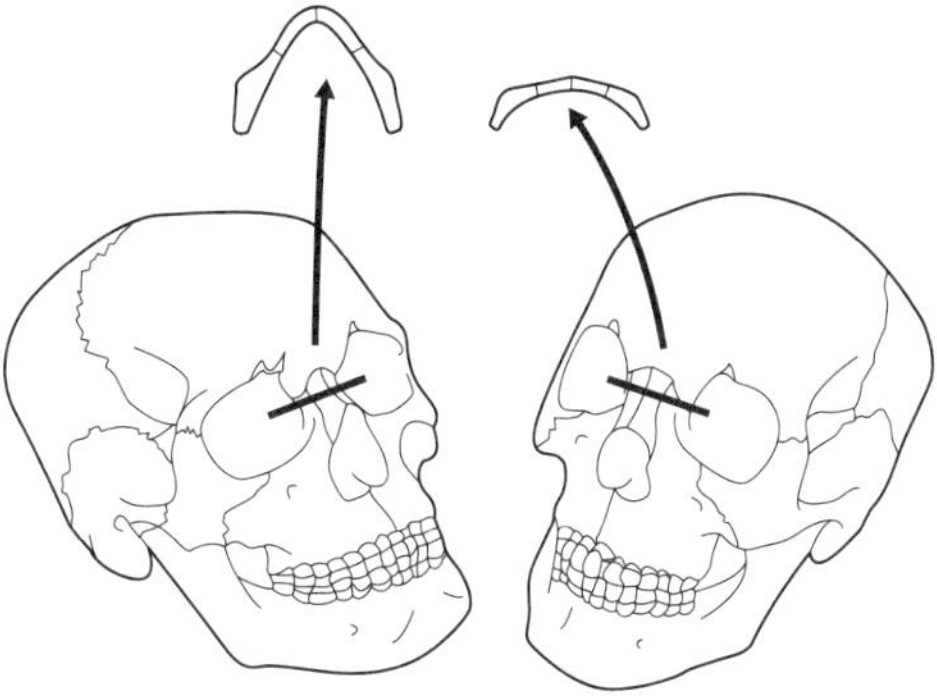

縄文時代人男性(左)と渡来系弥生時代人男性(右)で、顔つきが違っている。特に鼻の付け根の断面の形が異なる(国立科学博物館2005年特別展「縄文vs弥生」展図録より改変)

るようになったのです。ただし、この年代にはまだ異論もあります。

弥生人が縄文人と異なるのは、体形だけではありません。顔つきも、かなり異なっていました(図15)。まず、縄文人は眉間が出っ張り、鼻の付け根が窪んだ、彫りの深い顔でしたが、弥生人は彫りが浅く顔面が平坦です。これも第2章の3と5で述べたように、寒冷地適応の一種だと考えられます。つまり、体形や顔面の特徴は、弥生人の祖先が寒冷地適応した北方の人々だったであろうことを示唆しているわけです。

また、弥生人には、人類学でいうとこ

ろの顔と鼻が〝高い〟という特徴もあります。人類学の用語では、地面を基準にして形容するため、「背が高い」というのと同じように「顔が高い」「鼻が高い」と言いますが、一般的には〝長い〟と形容される状態を表しています。要するに、顔と鼻が長いのです。縄文人は顔面も下顎も相対的に幅広いという特徴がありましたが、それとは対照的です。つまり、全体にのっぺりとした長い顔を持っていたわけで、俗にいう〝お公家さん顔〟です。

そのほかにも弥生人には、縄文人では角ばっていた眼窩の入り口の形が丸いとか、歯が大きく、前歯がシャベル型をしているといった特徴もありますが、歯については次項で詳しく述べます。

弥生人の前歯は、なぜシャベル型なのか

これまでにも、歯については所々で触れてきましたが、ここでは縄文人と弥生人の歯の違いと、現代人の歯の特徴について述べておきましょう。あまり知られていませんが、歯には、私たちの起源を探るうえで重要な情報が詰まっているからです。まず、

図16　シャベル型切歯

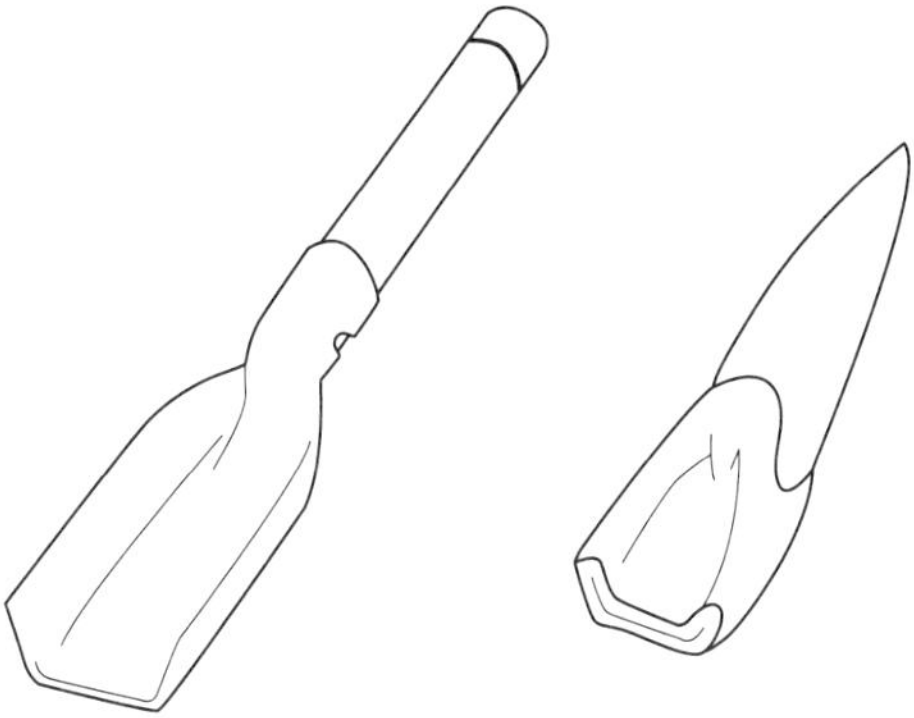

シャベル型切歯（右）は、裏側が石炭シャベル（左）のように窪んでいる（溝口優司著『頭蓋の形態変異』〔勉誠出版〕より改変）

「シャベル型切歯」についてです。

シャベル型切歯とは、図16の通り、歯の裏側がシャベルのように窪んだ形（シャベル形）をしている切歯のことで、上顎の中切歯と側切歯に見られるのが普通ですが、時には下顎の中切歯と側切歯や、上下の犬歯にも見られます。

なぜ、このような形になるかというと、前歯に大きな負荷がかかる暮らしを続けてきた結果ではないかと考えられています。たとえば、北極圏に住むイヌイットは、犬ぞりの手綱を歯でくわえたり、アザラシなどの海獣を仕留めて引っ張り上げるときに歯を使ったり、カヤックに使う材料や皮を歯で噛んで曲げたりなめしたりしてきました。寒冷地では、獲物そのものが寒冷地適応していて大きいため、歯にかかる負荷が格段に大きいのですが、このようなことができないと、厳しい自然環境の中で狩猟民として生き抜くことができなかったのでしょう。

右記のようなさまざまな作業をする際に、前歯が平らな板状だったとすると、たちどころに折れてしまいます。平らなものは、力学的に弱いのです。ところがシャベル型をしていると、ちょっとやそっとでは折れません。つまり寒冷地では、前歯がシャベル型で大きな負荷に耐えられる構造をしていた人たちが、上手に道具を作ったり、大きな獲物を捕まえたりすることができたために、生き残って子孫を残し、その形質が伝わってきたのだと考えられます。

事実、北アメリカ先住民の中にはシャベル型切歯の深さが2・6ミリもの値を示した人がいたという報告もありますが、日本人は平均すると1ミリ程度、ヨーロッパ人は0・4ミリ程度です。現代人の歯を世界的にみれば、イヌイットやアメリカ先住民、モンゴル人や中国人などの北・東アジアの人々のほか、台湾先住民やオーストラリア先住民などにもシャベル形が発達しています（図17）。やはり前歯に大きな負荷がかかる暮らしが関係しているようですが、ではなぜ、弥生人の前歯はシャベル型なのでしょうか？　弥生人とは、水稲栽培を本格的に行うようになった人々、すなわち農耕民です。狩りをするにしても、ホッキョクグマのように大きな獲物は日本にはいません。獲物はイノシシやシカ、ウサギ、タヌキなどの小動物が主でした。

弥生人の前歯がシャベル型であるのは、自分たちが歯に大きな負荷のかかる生活をしていたというよりは、体形や顔貌が寒冷地適応した人々の特徴を受け継いでいるのと同様、寒冷地に暮らす人々の特徴を受け継いでいるのではないか、と考えられます。私たち現代日本人も、歯に負荷のかかる生活はしていませんが、それでもシャベル型切歯であるのは、弥生人の受け継いだ特徴がいまだに生きているからでしょう。

では、縄文人の特徴を残している現代アイヌはどうかと見ると、予想通り、シャベル形はあまり発達していません。ところが、琉球人はシャベル形が発達しているのです。それが、先に述べたように、琉球人がアイヌよりも本土日本人に近いからなのか、琉球人の祖先が歯に負荷のかかる暮らしをしていたからなのかは、わかっていません。

図17　上顎中切歯シャベル型の出現率における地理的変異

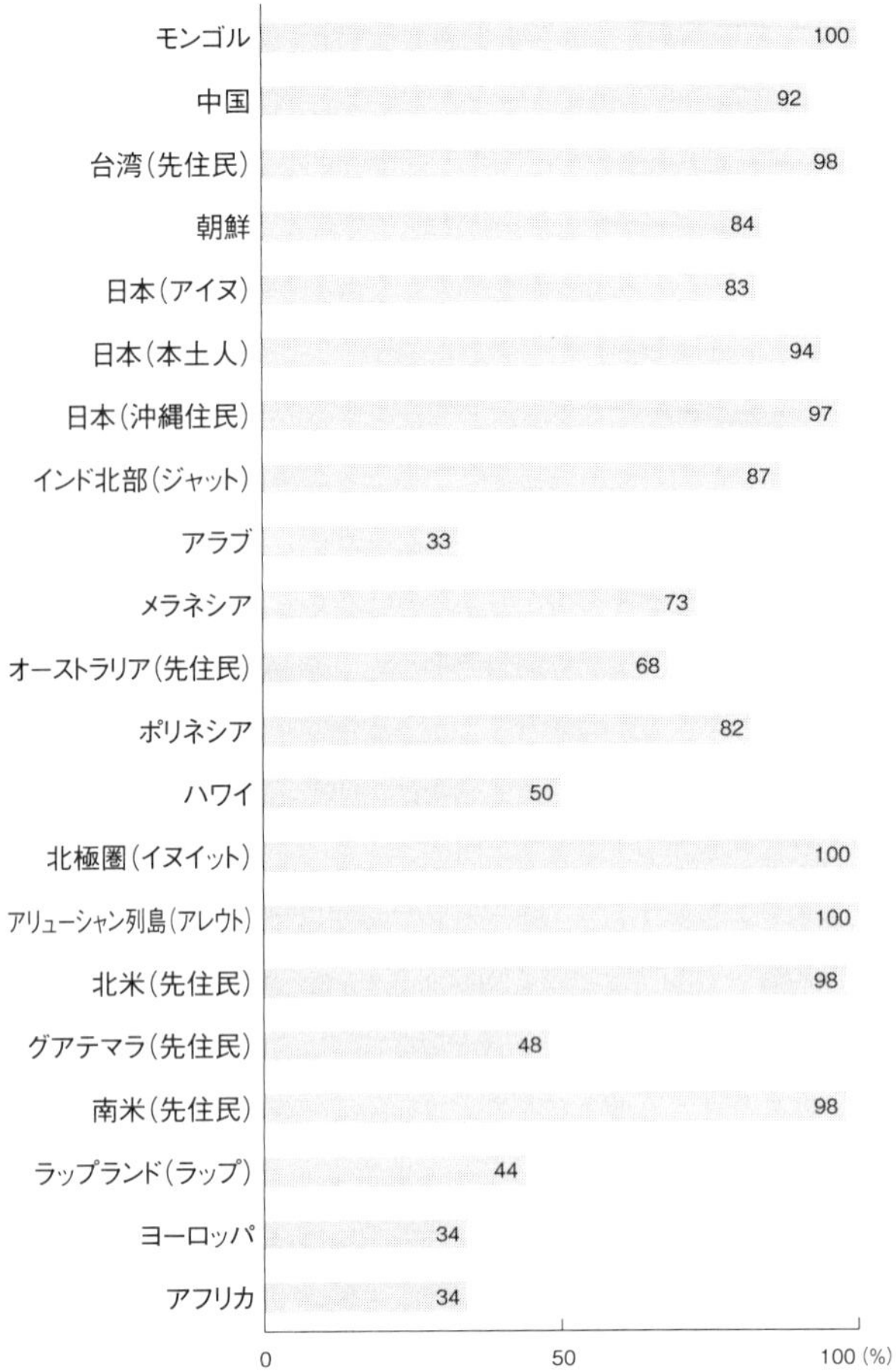

※強い程度から弱い程度までのすべてのシャベル形の出現率。男女混合

弥生時代をはさんで縄文人と古墳時代人、そして現代人とで、シャベル形の出現頻度を比較した研究では、中切歯すなわち一番前の歯では、縄文人が83・0パーセントであるのに対して、古墳時代人は90・3パーセントと7パーセントも多く、現代人は91・7パーセントとなっています。隣の側切歯では、縄文人が76・3パーセントであるのに対して、古墳時代人が88・9パーセントと12パーセントも多く、現代人が91・3パーセントです。明らかに、弥生時代の間に大きな変化があり、その後は変わっていないことがわかります。

出現頻度は、「どの程度窪んでいればシャベル形とするか」という観察基準が同じであっても、観察者によってどうしても多少の変化があるため、他人のデータと比較することが難しいという事情があります。しかし、客観的に測られた深さを見れば弥生人の方が深いのは明らかです。実際、男女混合の計測値ですが、上顎中切歯で、縄文人が0・63ミリ、アイヌが0・64ミリであるのに対して、弥生人では1・01ミリ、古墳時代人と鎌倉時代人では0・99ミリ、江戸時代人では1・07ミリという報告があります。弥生時代のたった1000年かそこらで歯の形質がこれほど変わるのは、通常ならば考えにくいことであり、この間に何かが起こったと考えざるを得ないのです。

ところで、前歯は、なぜ厚くならずにシャベル型になったのか、皆さんはおわかりでしょうか? 厚みが十分にあれば、強度は保てるはずです。薄い板はすぐに割れても、厚い板は簡単に割れません。その理由は、そう、ルーの法則です。第1章2の犬歯のところで述べたように、「必要最小限の材料を使って、最大限の効果を得られるように形作られる」という「生物構造の機能的自己形成の原理」が、ここでも働いたと考えられるのです。

また、ホモ・サピエンスより前の人類では、北京原人やジャワ原人、ネアンデルタール人もシャベル型切歯であったことがわかっています。これは、彼らが大型動物の狩猟をするようになり、それに関連する活動の中で、前歯を道具あるいは第三の手として使い始めた証拠、とする見方があります。それに対して猿人には、シャベル型切歯はあまり見られません。まだ脳がさほど発達せず、狩りの技術も未熟だったと言うよりは、猿人が生息できたところでは、後の人類ほど苦労しなくても必要な食糧を十分に手に入れることができた、という証拠かもしれません。

歯の小さい縄文人、歯の大きい弥生人

次に、歯の大きさです。第1章1で、人類の大進化の過程で、顎と歯は小さく華奢になる方向に進化した、と述べたのを覚えていらっしゃるでしょうか？　新人の歯は旧人よりも小さいわけですが、新人、すなわちホモ・サピエンスになってからは、基本的に大きさはあまり変わりません。ただし、まったく変わらないというわけではありません。ホモ・サピエンスになってからの小進化の過程で、より小さくなった地域もあれば、大きくなった地域もあるのです。

日本では、シャベル型切歯の出現頻度と同様に、歯の大きさも、縄文人と古墳時代人との間に変化がありました。つまり、弥生時代の間に大きくなったのです。縄文人は歯が小さく、弥生人は大きいのです。

現代人の歯を見ると、アジアでは大きい方から、華北・朝鮮・日本＞華南・東南アジア北東部＞アイヌという傾向があります。世界的には、メラネシア人やミクロネシア人、オーストラリア先住民は大、日本人は中、ヨーロッパ人は小です。体が大きいイメージのあるヨーロッパ人の方が歯が小さいわけですが、どうやら歯の大きさは、

食文化と関連しているらしいのです。

どう関連しているかを見ようと考えて、私は男性18カ国、女性16カ国の現代人の歯の大きさのデータと、食物との関連を調べてみました。その結果は、小麦・卵・肉類・ミルク・バターなどの食品群を食べている人たちは歯が小さく、果物類・芋類・豆類の食品群、または魚と米を主に食べている人たちは歯が大きい傾向がある、というものでした。まさに、牧畜と小麦栽培が背景にあるヨーロッパ人の食文化が、歯の小ささに関連しているということでしょう。

しかし、食文化が歯の大きさに関連するのであれば、米を食べるようになった弥生人の方が、クリやクルミなどの堅い木の実を主に食べていた縄文人よりも歯が大きいのは、矛盾ではないでしょうか？　道具として歯を使うことも、弥生人よりは縄文人の方が多かったはずです。ここにも、弥生時代に何かが起こった痕跡があるのです。

5 弥生人は、いつ、どこからやってきたのか

弥生人の身長は、なぜ高いのか

縄文人と弥生人とでは、体つきや顔つきにも、歯の形や大きさにも、かなりの違いがあるのは、これまでに見てきた通りです。前腕や脛が短いことや、顔が平坦なこと、シャベル型切歯などは、弥生人が寒冷地に暮らす人々の特徴を受け継いでいることを示唆していましたし、歯の大きさや背の高さも、やはり北方系であることを指し示しています。

まず歯ですが、第3章3で、アイヌや縄文人には、東南アジア人などの歯の特徴である「スンダドンティ（スンダ型歯形質）」が見られると述べました。スンダ型歯形質とは、シャベル型切歯と三根性（根の部分が3つになっている。通常は2つ）の下顎第1大臼歯が比較的少なく、四咬頭性（噛み合わせる面の凸部が4つある。通常は5つ）の下顎第2大臼歯が多いという組み合わせを指し、スンダ型歯形質の人は歯が

全体的に小さいのです。

その逆に、中国北部などに住む人たちには、「シノドンティ（中国型歯形質）」と呼ばれる組み合わせが多く見られます。スンダ型歯形質とは逆に、シャベル型切歯と三根性の下顎第1大臼歯が比較的多く、四咬頭性の下顎第2大臼歯が少ないもので、中国型歯形質を持つ人は歯が全体的に大きい傾向があります。東南アジアの人々などに多いスンダ型歯形質が南方要素であるとすれば、中国北部以北の人々に多い中国型歯形質は北方要素ですが、弥生人は後者の中国型歯形質を持っているのです。

さらに、背の高さです。縄文後期から古墳時代にかけて身長が高くなった原因が、以前は、弥生時代に本格的な農耕が開始されたことによって、栄養状態がよくなったためではないかと考えられていました。明治時代に入って、日本人の身長がぐっと高くなったのと同様にです。ところがその後、先史時代のアメリカ先住民では、狩猟・採集生活からトウモロコシの栽培を取り入れた定住生活への移行に伴って、身長が低くなっていたことがわかったのです。農耕によって労働が過重になり、骨に負荷がかかったためだと考えられ、とすれば、弥生時代に身長が高くなっているのはおかしいわけです。

　では、なぜ身長が高くなったのか？　ここにも北方起源が登場します。寒冷地適応の一つに、体が大きい方が熱を逃しにくく有利だということがありました。寒冷地適応した北方の人々は体が大きい、すなわち背も高い人が多いのです。このように、弥生人の特徴を見ると、すべてが北方起源であることを示唆しています。

　しかしなぜ、縄文人が南方起源の特徴を持つのに、そのすぐ次の時代の弥生人が北方起源の特徴を持つのでしょうか？　縄文人と弥生人は、まったく別の集団なのでしょうか？　縄文人が南から、弥生人が北から日本にやってきたのだとしても、では、縄文人はどこへ行ってしまったのでしょうか？　古墳時代以降、本土日本人はなぜ、縄文人の特徴ではなく、弥生人の特徴を多く受け継いだのでしょうか？

　いや、そもそも、弥生人は本当に北方起源の人々なのでしょうか？　だとすれば、弥生人の故郷はどこなのでしょうか。

頭蓋が示した故郷は、はるか北方だった

その謎を探るために私は、今から20年あまり前、頭蓋の7項目の計測値を用いて、多変量の距離分析という手法によって、古墳時代人や弥生人がどの時代のどの地域の人々に近いかを調べてみました。

もちろん、人骨の形質から弥生人の故郷を探る研究が、これより前になかったわけではありません。ただ、遺跡から出た人骨資料が十分ではなく、データを地域別かつ年代別に分けたくても、分けることができなかったのです。しかし、先人の努力の積み重ねによってデータが蓄積され、ようやく、そのような分析を試みることができる時期にきたわけです。

それまでは、渡来民は朝鮮半島経由でアジア大陸からやって来ただろうということは言われていましたが、どこから来たのか、については、あまり客観的なデータに基づく報告はありませんでした。私の知る限り、当時あったのは、今から35年前に出された歯の形態観察に基づく華北起源説と、方法に若干問題がある頭蓋計測値の分析や現代人の遺伝子データのみに基づく、その頃提出されたばかりのシベリアあるいはバ

イカル湖起源説だけでした。

そこで私は、改めて、できる限り客観的に分析しようと、まずアジア各地の、縄文時代から古墳時代に相当する時期の遺跡から出土した人骨の頭蓋データを集めました。男性が295遺跡分、女性が190遺跡分です。そしてこのデータを、5つの時代区分と、11の地域とに分類しました。5つの時代区分とは、縄文時代前半・後半、弥生時代、古墳時代前半・後半であり、11の地域とは、東日本・西日本、中国東北部・華北・華南、朝鮮半島、北アジア・中央アジア・南アジア・西アジア・北米です。そのうえで、頭蓋の最大長、最大幅など7つの計測項目を用いて、比較したのです。

その結果わかったことは、以下の通りです。まず、東日本の古墳時代人は男女とも、東日本の縄文人と、西日本の弥生人に、同程度に似ていました。しかし、西日本の古墳時代人は男女とも、西日本の縄文人よりも、はるかに西日本の弥生人に似ていました。つまり、古墳時代になっても、東日本では、縄文人の特徴と弥生人の特徴が半々に残っていたのです。それに対して西日本では、縄文人の特徴は失われ、ほとんど弥生人の特徴になっていたということで、西日本の方が早く弥生人化したわけです。

次に、西日本の弥生人が、どの集団に似ているかを見てみました。すると、男性は、西日本の縄文人ではなく、縄文・弥生時代に相当する時期の、中央アジアや北アジアの人々と非常によく似ていたのです。つまり、先に述べたシベリアあるいはバイカル湖起源説を支持する結果になったわけです。

また、これもおもしろいのですが、西日本の弥生人の女性は、男性とは異なり、中央アジアや北アジアの人々ではなく、同じ西日本の縄文人に最も似ていたのです。男女でその起源がまったく違うという結果が出たわけですが、いったいなぜ、このようなことが起こるのでしょうか？　分析した標本の数が少なすぎたせいでおかしな結果が出ている可能性もありますが、日本に渡来してきた人々がほとんど男性で、かつ、渡来が1回きりでなく連続的であったとすれば、必ずしも矛盾なくこの結果を説明できると思われます。未熟な航海術で海を渡り、見知らぬ島に上陸するのが非常に危険であることを思えば、男性だけがやってきたとする説にも説得力があるように感じられます。

この結果をもとに弥生人の起源を私なりに推測すると、以下のようになります。

縄文時代、日本には縄文人が広く分布していましたが、ユーラシアでは、バイカル湖からアルタイ山脈あたりにいた北方アジア系の遊牧民が、中央アジアや北東アジアへ拡散し始めました。そして弥生時代頃になると、彼らの子孫たちが中国東北部や朝鮮半島でも暮らすようになってきて、その中の一部の人々が西日本に渡来してきたのです。

弥生人が寒冷地適応した北方系の特徴を持つのは、もともとバイカル湖近辺の人々が祖先であったためだったのです。そして、弥生人が水稲栽培の技術を持っていたのは、日本に渡来する前に暮らしていた朝鮮半島などで、身につけたからだったのです。

ヒトが日本列島にやってきたルートとは

私なりに弥生人の起源を推定したところで、日本列島にホモ・サピエンスがやってきたルートをまとめておきましょう。図18を参照してください。

10万年以上前にアフリカを初めて出た新人は、6万〜5万年前までには東南アジアにたどり着き（①）、その中の一部の人々はそこから北へ（②）、別の一部の人々は南

図18　日本列島へのヒトの動き（「科学」2010年4月号より改変）

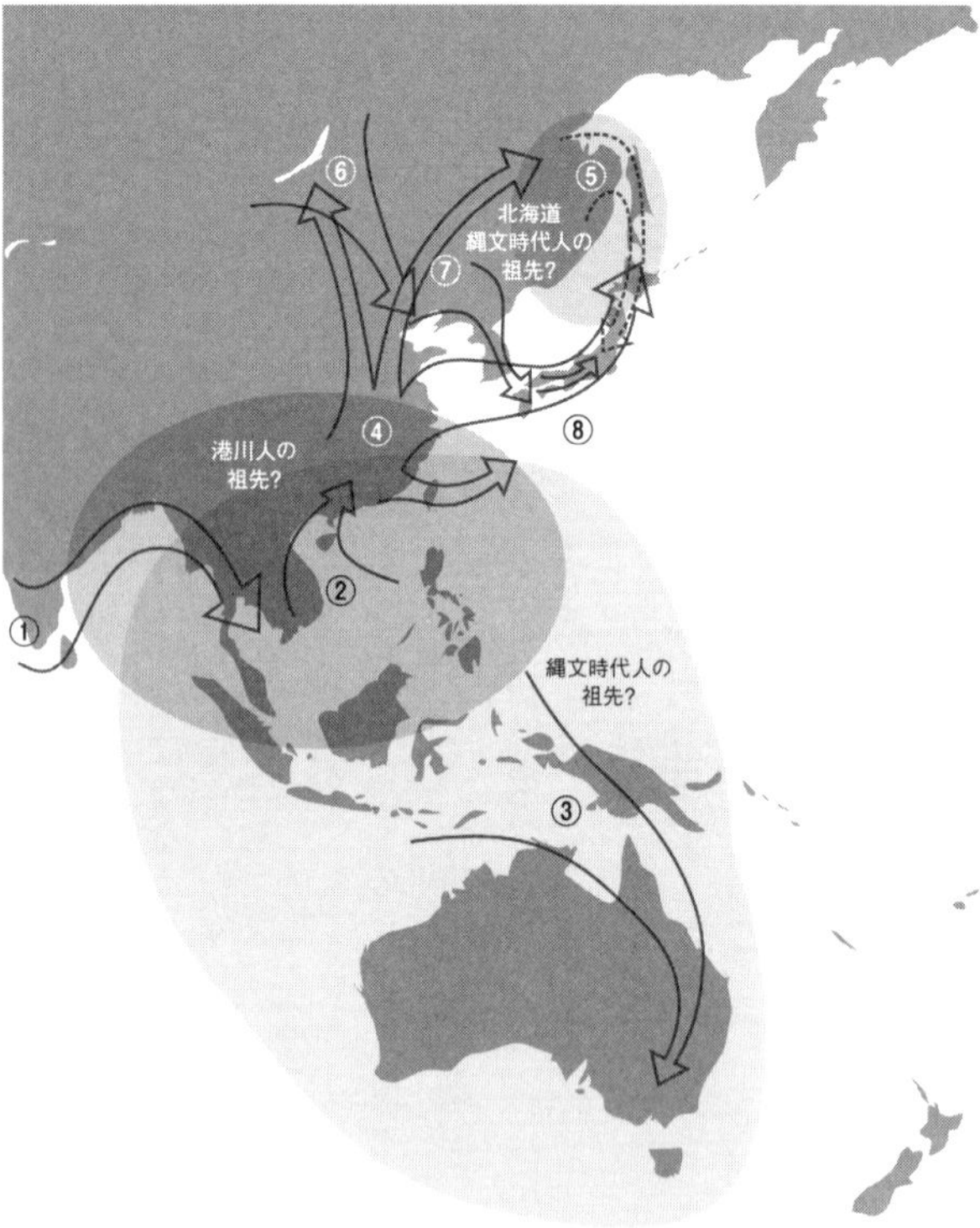

東へと移動しました。南東へ移動した人々は、氷期にスンダランドからサフールランドへと渡り、遅くとも3万年前頃まではオーストラリア南東部に到達しました。この人々の一部が、オーストラリア先住民の祖先となったのです（③）。

一方、北へ移動した人々は、シベリア、北東アジア、日本列島、琉球諸島を含む南西諸島などに拡散しました。日本列島と琉球諸島には4万〜3万年前頃までに到達し、日本列島に上陸した人々は縄文人の祖先になり、琉球諸島に上陸した人々は港川人の祖先などになったと考えられます（④）。また、北東アジアに進んだ人々の中には、もしかすると沿海州からサハリンを抜け、北海道に渡った人たちがいたかもしれません（⑤）。

シベリアに向かった人々は、遅くとも2万年前頃まではバイカル湖付近に到着し、寒冷地適応して、北方アジア人の特徴を獲得しました。この集団はその後南下・東進し、3000年前頃までには中国東北部、朝鮮半島、黄河流域、江南地域などに住み着きました（⑥）。

この、中国東北部から江南地域にかけて住んでいた人々の一部が、縄文時代の終わり頃に朝鮮半島経由で西日本に渡来し（⑦）、日本列島に拡散していったのです（⑧）。

6　日本人はこうしてできた！

日本人の成り立ちについての3つの仮説

日本列島へ、南方起源の縄文人が先に、北方起源の弥生人が後からやってきたのは、ほぼ確実だと言ってよいでしょう。では、この2つの系統の異なる集団は、日本列島の中でどうなったのでしょうか？　縄文人と弥生人の関係については、これまでに大きく分けて3つの仮説が唱えられてきました。「置換説」「混血説」「変形説」です。

まず、最初に登場したのが置換説です。これは、まだ日本人自身が人類学を始める前、江戸時代の終わり頃から明治時代にかけて日本にやってきた外国人、P・F・v・シーボルト（ドイツ人医師・博物学者。日本地図を国外に持ち出そうとして追放された「シーボルト事件」で有名）やE・v・ベルツ（ドイツ人医師）などによって唱えられました。内容は、「もともと日本に住んでいた人々が、外からやってきた現代日本人の祖先に駆逐され、置き換わられた」というものです。この説が発表された1880年前後から今日まで、欧米人の人類学者の多くは、置換説を支持しています。

ただし、シーボルトやベルツ、そして日本の人類学の祖である坪井正五郎（帝国大学理科大学教授、日本人類学会の前身である東京人類学会の創設者）の頃は、まだ縄文人・弥生人という定義はなく、日本の先住民つまり「石器時代人」はアイヌであるとか、コロボックルであるとか言っていた時代でした。たとえば、シーボルトは、もともと日本列島全域に住んでいたアイヌの祖先である貝塚人種、つまり石器時代人が、南方からの侵入者と中国・朝鮮人との混血で生じた現代日本人の祖先によって北海道に追いやられた、と考えていました。それが「縄文（時代）人」と「弥生（時代）人」という対比的な関係で議論されるようになるのは、大正時代の中頃に、日本の石器時代文化に縄文文化とそれに続く弥生文化がある、とわかってからのことです。

次に登場したのが、混血説です。現代日本人は、「縄文人を祖先とする人々と、日本に隣接する地域の人々とが混血してできた」とするもので、1925年から1950年頃にかけて、まず清野謙次（京都大学医学部教授）らによって唱えられました。

そして3番目が、変形説もしくは連続説と呼ばれるものです。現代日本人は、「縄文人が環境の影響などを受けて、少しずつ形質を変化させてできた」とするもので、1950年頃から1980年頃にかけて長谷部言人（東京大学理学部教授）や鈴木尚（東京大学理学部教授、国立科学博物館人類研究部創設者）によって唱えられました。

では、今はどうかというと、「置換に近い混血説」が主流です。縄文人は背が低かったのに、弥生人になると急に背が高くなるなど、徐々に形質が変わったとするにはあまりにも大きなギャップが縄文人と弥生人の間にはあり、変形説では説明がつかないと言われだしたのがきっかけでした。その後、侃々諤々《かんかんがくがく》の議論が繰り広げられましたが、今では「大陸から渡来した弥生人が、もともと日本に住んでいた縄文人と混血しながら広がっていき、かなり置き換わったのに近い状態になった」と考える人が多いのです。

私が行った、頭蓋の7つの計測項目による多変量の距離分析でも、西日本の古墳時代人は弥生人に似ているけれど、東日本の古墳時代人は縄文人と弥生人に同程度に似ているという結果が出ています。このことは、西日本に渡来した弥生人が、縄文人と混血しながら、徐々に東日本へと広がっていったことを示唆しているのではないでしょうか。

私たちはなぜ、弥生人の特徴を受け継いだのか

しかし、ここでもう一つ疑問が生じます。単純に共存したのであれば、縄文人の特徴を持つ人と弥生人の特徴を持つ人が、半々であってもよいはずです。また、同数の人々が完全に混血したのであれば、縄文人と弥生人の中間の特徴を持つ人ばかりであってもよかったのではないでしょうか。しかし、弥生時代中期の頃、九州北部では、渡来人の特徴を持つ人々が圧倒的多数でした。それはいったいなぜなのでしょうか。よほど大勢の人が、日本列島に渡来してきたのでしょうか?

実は、1000年間に100万人を超えるような規模の渡来民がやってきたのではないか、とする説が出されたこともあったのです。しかし、これまでに発掘された遺跡では、渡来民が大量にやって来たことを推測させるような痕跡、たとえば出土した道具の素材や形がそれまでとはがらっと変わる、といったことはありません。また、

大量の人々が来れば、縄文人との間に土地を巡る争いなどが起こったと考えられますが、そのような痕跡もないらしいのです。

では、少数の人々がやってきただけで、渡来民よりもずっと大勢いたはずの縄文人と置き換わるようなことが、可能だったのでしょうか？　この謎を解く鍵は、人口増加率にあります。狩猟採集民と農耕民では、人口増加率が異なるのです。農耕によって安定して食料が供給できるようになると人口が一気に増えるため、農耕民の人口増加率は、狩猟採集民よりも遥かに高いのです。

このような人口増加率の差を前提にして、弥生人が自ら増えるだけでなく、縄文人と混血もしながら、全体の8～9割を占めるようになるには何年ぐらい必要かを計算したコンピュータ・シミュレーション的な研究があります。その研究によれば、弥生時代早期から中期までの年代幅を従来の200～300年とした場合でも、最近の年代観による800年とした場合でも、弥生時代中期までに渡来系の人々が縄文系の人々を人口のうえで十分に凌駕することが可能、とのことです。ただし、この研究では解析の簡略化のために、量的遺伝子（小さな効果を持った多数の遺伝子）に支配されていると考えられる形態的特徴がたった一つの主遺伝子で縄文的になるか弥生的になるかが決定される、という仮定をおいていますので、今後、もっと現実的な条件のもとに行われた研究結果を待たなければ、結論は下せないと思います。

しかし、一挙に大量の渡来民が来たのであろうと、高い人口増加率を持つ少数の渡来民が来て爆発的に人口が増えたのであろうと、弥生時代中期の九州北部において渡来系弥生人の割合が高いことは事実です。おそらく、この弥生人たちは自らも増えると同時に縄文人とも混血しつつ、徐々に居住区域を広げ、やがて北海道をのぞく日本全域が、弥生人の特徴を持つ人々で埋め尽くされていったのだと思われます。

7　弥生から古墳時代へ、そして現代へ

頭は長くなり、短くなった

縄文人と弥生人は別系統の集団であり、両者の間には大きなギャップがあったわけですが、では、弥生時代と古墳時代ではどうだったのでしょうか？　多くの日本人が、

今も平坦な顔や遠位の短い腕と脚、シャベル型切歯といった北方系の特徴を持っていることからも明らかなように、弥生人の形質は途切れることなく受け継がれています。弥生時代に大きく姿形が変わった後、古墳時代以降は変化があったとしても連続的であり、急激な変化や断絶的な変化はないのです。つまり、古墳時代人が現代日本人の直接の祖先であることは、ほぼ間違いありません。

日本人は、南方起源の縄文人の後に、北方起源の弥生人が入ってきて、置換に近い混血をした結果、現在のような姿形になったのです。ただし、古墳時代以降に、日本人の姿形がまったく変わらなかったかというと、そうではありません。たとえば頭は約1500年前、すなわち古墳時代に長くなり始め、その後1000～500年前頃、すなわち中世には逆に短くなり始めて現在に至っています（図19）。

このような現象はほかでも起こっていて、ヨーロッパではおよそ1000年前頃から頭が短くなってきています。なお、頭が長くなるとは、頭を上から見たときに、横幅に対する前後の長さの割合が大きくなることで、これを「長頭化」と呼びます。反対に前後の長さの割合が小さくなることを「短頭化」と呼びます。

図19　頭蓋の時代的変化

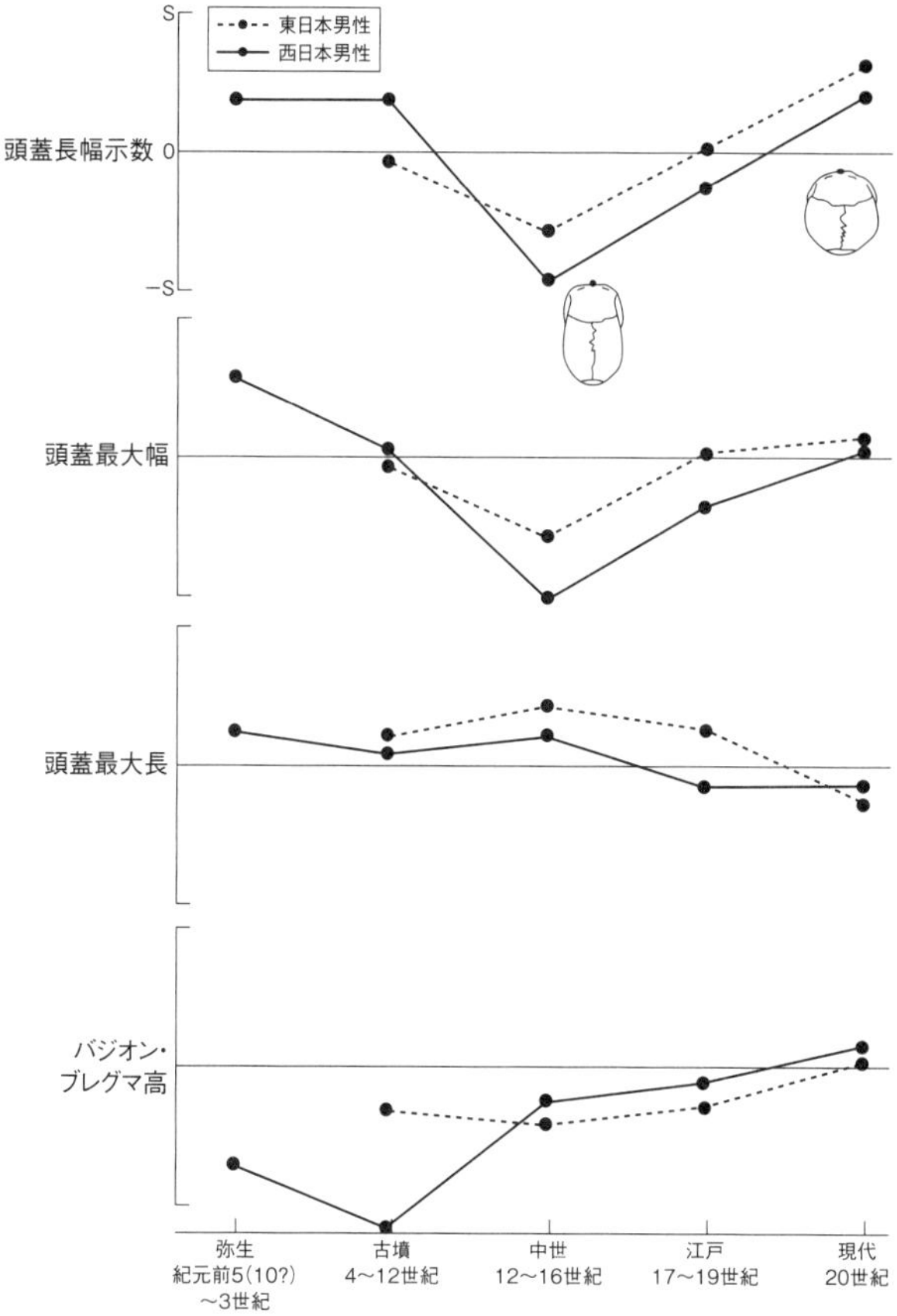

Sは標準偏差、バジオン・ブレグマ高は脳の入る脳頭蓋の高さ（溝口優司著『頭蓋の形態変異』〔勉誠出版〕より改変）

大進化の流れの中でみれば、直立二足歩行を始めたことで人類の頭は丸くなる、すなわち短頭化してきたことは、すでに述べた通りです。また、寒冷地適応で丸くなるなど、小進化の過程でも変化しています。ところがそれだけではなく、詳しく調べてみると、古墳時代以降という短い期間の中でも、頭の長さは微妙に変わっていたのです。

なぜ、頭の形が集団としても、つまり、集団の平均値的な形も短期間で変わるのか、という原因の一つには、骨が常に生まれ変わっているという事実も関係しているかもしれません。私たちの骨は、一生の間、古い細胞が破壊され、新しい細胞が作られるというリモデリングが常に行われています。そのため、頭や顔の形、そして体形は一定ではありません。生まれてからの成長過程や、高齢になってからの変化を思い浮かべていただくとよくわかると思いますが、リモデリングの過程で遺伝だけでなく環境の影響もかなり受け、その時々で変わっていくことも考えられます。

たとえば、固いものを食べなくなったというような、その時代の多くの人に当てはまる文化的あるいは環境的な要因によって、集団を構成する人ほぼ全員が、顎が小さくなってしまう、といったことが起こるのです。ただしこの変化は、個体レベルの変化の集合体であって、集団として遺伝子組成が変化する「小進化」ではありません。

顎の話が出たついでに述べておくと、歯は、遺伝子によって大きさがほぼ決まっています。北方系の特徴を受け継ぐ私たち日本人の歯は、いまだに大きいのです。しかも歯は、でき上がってからは作り替えられないため、骨のように容易に形が変わることはありません。今の日本の若い人たちに乱杭歯が多いのは、歯の大きさが昔のままなのに、固いものを食べなくなったせいで顎が小さくなったためではないか、と考えられるのです。

頭の形が変わる理由とは?

では、頭の形は、どのような理由で変わるのでしょうか? なぜ、長くなったり短くなったりするのでしょう。これに関しては、昔からいろいろな説があります。「栄養状態に左右される」「咀嚼の強さが関連している」といったすぐに想像がつくものから、おもしろいところでは「社会・文化的に違う集団との結婚、すなわち外婚が多いと頭が長くなる」とか、「装飾がたくさんついたお墓に入っている人、つまりお金持ちは頭が短い」といったものまであります。

これらの説は、本当なのでしょうか？　私は、ひとまず既存の説は説として置いておき、「すべての形質は互いに関連している」と、「生物の適応戦略の基本は、最少材料で最大効果」の2つを前提に、頭の形と体のほかの部位との関連を調べることにしました。「すべての形質は互いに関連している」とは、私たちの持つ身体的な特徴には、それ単独で成り立っているものはなく、ほかの特徴と必ず関係があるということです。用いた方法は、頭蓋のさまざまな計測値と身体のさまざまな計測値を、統計学的な方法で比較するというものです。そして得られたのは、少なくとも頭の長さは手足の骨の長さ・太さに正比例的に変化する、という結果でした。これは、どのような意味なのでしょうか？

手足の骨が長く太いということは、体が大きいことを意味します。体が大きい人は、大きな体を動かすために骨格筋の筋量が多く、うなじの筋肉である項筋も太いのが普通です。そのため、後頭部にある項筋が付着する面が広くなり、頭が長くなる要因の一つになっているのではないかと考えられるのです。

身体の骨は、栄養状態や労働量などの環境要因によって変化します。そのため、たとえば長頭化した時期には、体が大きくなったとか、農耕によって筋肉にかかる負荷が大きくなったなどの理由によって、骨格筋の筋量が増え、項筋も太くなり、頭が長くなったかもしれません。そう考えると、古墳時代以降に頭が長くなっているのは、弥生時代以降の水稲栽培に関わる労働量が多くなったことと関連しているようにも思えます。

また、頭の長さは筋量だけでなく、いろいろなことに関連しているはずです。たとえば、筋肉がたくさんあると、酸素の消費量も多くなります。そのため肺が大きくなって胸郭も大きくなったり、酸素をたくさん取り込むために鼻が大きくなったりするかもしれません。事実、鼻の幅は、頭部のほかの部分と関係なく、つまり同じ大きさの頭を持っていても、人によってかなり変わることがわかっています。これは、鼻の大きさが頭部よりもむしろ体全体の大きさと比例関係にあるからかもしれません。さらに、大きな体を支えるには、骨盤も大きくしっかりしていないといけない、といったこともあるでしょう。これがすなわち、「すべての形質は互いに関連している」ということです。

ただし、骨格に影響を与える要素はほかにもたくさんありますから、一概にこうだとは言えません。もっと研究を進めないと、このようなことが確かに起こるとまでは言えないのです。

人類は今なお、進化し続けているのか

私たちはこうして、古墳時代以降という短期間にも、おそらくその時々の環境に合わせて体を変化させてきました。しかし、たとえば、固いものを食べなくなったせいで顎が小さくなり、乱杭歯になった私たちの子孫が、歯が小さくなる方向に進化するかといえば、おそらくしないでしょう。なぜならば人類は、すでに体ではなく道具を進化させる段階に入っているからです。つまり、歯が小さくなるよりも先に、歯科治療によって乱杭歯の状態を解消してしまうので、歯の縮小的進化はおそらく起こらないと思われます。

このようなことは、もっと重大な問題に関しても同様です。たとえばＨＩＶ（ヒト免疫不全ウイルス）によって引き起こされるエイズ（後天性免疫不全症候群）は、放っておけば死に至る病ですが、さまざまなワクチンが開発されて、発症までの期間を引き延ばすことができるようになりました。ヒトが、ＨＩＶに抵抗する遺伝子の変異体を持つよりも前に、医学によって抵抗する術を見つけつつあるわけです。

もしも、私たちがＨＩＶに抵抗する術を見つけられなかったとしたら、そして何百年も経ったとしたら、ＨＩＶに抵抗する遺伝子変異体を持つ人々が現れるかもしれません。しかし、おそらくそうはならないのです。こう述べているのは、アメリカの人類遺伝学者Ｊ・Ｋ・プリチャードですが、私も同感です。第２章６で紹介したチベット高原に住む人々の赤血球生産量調整遺伝子の話もプリチャードによるものですが、彼は私たち人類集団の形質が自然淘汰で変わるには、少なくとも数千年（極めて有益な遺伝子なら理論的には２００～３００年でも、しかし普通は数万年）の安定した環境状態が必要だと言っています。非常に急速に固定されたとされる、チベット高原に住む人々の赤血球の生産量を調整する遺伝子の変異体の場合にも、３０００年近くの時がかかっているとのことです。

私たちを取り巻く環境は、これからも変わっていくでしょう。数千年後には、間違いなく今とは相当異なった環境になっているはずです。しかし、これからの人類が、自らの体を大きく変化させて環境に適応することは、もうほとんどないでしょう。私たちは知恵を使い、道具を進化させることで、環境に適応していくのです。それは、言い換えれば、知恵をどのように使うかで、人類の未来が変わっていく、ということでもあります。

日本人のルーツを探る旅は終わっても、私たちの未来への旅は、終わらないのです。

おわりに

人類学は、進化を既成事実として、人類が『どのように』進化してきたのかを解く学問です。しかし、その先には、私たちは『なぜ』進化したのか、進化しなければならなかったのか、という根源的な謎が残ります。一説には、ビッグバンによって放出されたエネルギーが膨大であるから進化したのだとも言われていますが、ではなぜビッグバンが起こったのかはわかりません。

私の夢は、そこまで遡って生命進化の謎を解き明かすことです。しかし、短い人生の中で、とてもそこまでは行き着けそうにありません。だから、せめて、ヒトという生命体の謎の一端だけでも解き明かせれば、と願うのです。

読者の皆さんには、ここまでおつきあいいただいて、感謝の念に堪えません。どうぞこれからも、機会があれば人類学の扉をたたき、ちょっとだけ中をのぞいてみてください。あなたという存在の謎を解き明かすヒントが、そこにあるかもしれません。

この本は、書籍の企画編集をされているグレイスランドの蔭山敬吾氏の熱心なお勧めと、執筆の補助をしてくださったライターの佐々木とく子氏、そして出版の労をとってくださったソフトバンク クリエイティブ学芸書籍編集部の吉尾太一氏・川口直哉氏がおられなかったら、到底世に出すことができなかったでしょう。

浅学非才な私でも何か社会に貢献できるとすれば、人類学のわずかな知識を紹介する、ということくらいしかないのですが、もしそれが人類社会の繁栄過程のどこかの局面で役立つならば、望外の喜びです。本書の性格上、使わせていただいた研究成果の発表者のお名前を記すスペースがないのが非常に心苦しいのですが、末筆ながら、それらの方々に深く感謝すると同時に、この作業に関わってくださった蔭山・佐々木・吉尾・川口の諸氏に厚く御礼申し上げます。

追記

初めてこの本が出版されてから9年が経ちました。この間、特に日本人形成論に大きな貢献をしそうな古人骨の分析結果が少なくとも2つ発表されました。富山市小竹貝塚出土の縄文時代前期人骨と石垣市白保竿根田原洞穴遺跡出土の旧石器時代人骨の分析結果です。また、核DNAの分析技術も大きく発展し、人類集団間の類縁関係の分析にも寄与できるようになりつつあります。

本書初版に書かれた内容の大筋は今も変わりませんが、今回、改訂版を出す機会に恵まれましたので、以上のことは是非追加紹介しておきたいと思いました。

追加した文のブラッシュアップには今回もライターの佐々木とく子氏にお世話になりました。また、その編集にはSBクリエイティブ株式会社学芸書籍編集部の坂口惣一氏のお手を煩わせました。記して、感謝申し上げます。

2020年4月

溝口優司

参考文献

● 「科学」2010年4月号（特集　日本人への旅）岩波書店

● 『日本人の起源　古人骨からルーツを探る』講談社選書メチエ　中橋孝博著

● 『新版　日本人になった祖先たち　DNAが解明する多元的構造』NHK BOOKS　篠田謙一著

● 『人類がたどってきた道　〝文化の多様化〟の起源を探る』NHKブックス　海部陽介著

● 『ビジュアル版　人類進化大全』悠書館　クリス・ストリンガー、ピーター・アンドリュース著　馬場悠男、道方しのぶ訳

● 『ヒトの進化　七〇〇万年史』ちくま新書　河合信和著

● 『ホモ・フロレシエンシス　1万2000年前に消えた人類』（上・下）NHKブックス　マイク・モーウッド、ペニー・ヴァン・オオステルチィ著　馬場悠男監訳　仲村明子翻訳

● 『頭蓋の形態変異』勉誠出版　溝口優司著

著者略歴

溝口優司（みぞぐち・ゆうじ）

1949年、富山県生まれ。国立科学博物館名誉研究員、理学博士。1973年富山大学文理学部卒業、1976年東京大学大学院理学系研究科中退/国立科学博物館人類研究部研究官、2009年人類研究部長、2014年より名誉研究員。『Shovelling: A Statistical Analysis of Its Morphology』（東京大学出版会）、『「日本人の起源―形質人類学からのアプローチ」新版古代の日本①：古代史総論』（角川書店）、『頭蓋の形態変異』（勉誠出版）など著書多数。

SB新書　523

［新装版《しんそうばん》］アフリカで誕生《たんじょう》した人類《じんるい》が日本人《にほんじん》になるまで

2020年 10月15日　初版第1刷発行
2021年 11月 6 日　初版第2刷発行

著　者　溝口優司《みぞぐちゆうじ》

発行者　小川 淳

発行所　SBクリエイティブ株式会社
〒106-0032　東京都港区六本木2-4-5
電話：03-5549-1201（営業部）

企画・編集　蔭山敬吾
構成・文　佐々木とく子
装　幀　長坂勇司（nagasaka design）
カバーイラスト　株式会社レバーン
組　版　荒木香樹
印刷・製本　大日本印刷株式会社

本書をお読みになったご意見・ご感想を下記URL、
または左記QRコードよりお寄せください。

https://isbn2.sbcr.jp/06541/

落丁本、乱丁本は小社営業部にてお取り替えいたします。定価はカバーに記載されております。本書の内容に関するご質問等は、小社学芸書籍編集部まで必ず書面にてご連絡いただきますようお願いいたします。

ISBN 978-4-8156-0654-1

SB新書

「知の巨人」が初めて明かす知的生産術！
調べる技術　書く技術
佐藤　優

あなたの読書人生をくつがえす禁断の技術
読まずにすませる読書術
鎌田浩毅

本だけが私たちに与えてくれるもの
読書する人だけがたどり着ける場所
齋藤　孝

結局、アウトプットできる人だけが生き残る
60歳からの勉強法
和田秀樹

仮想通貨、銀行消滅の時代に振り返る教養！
「お金」で読み解く日本史
島崎　晋